雇主品牌對員工留任的影響機制研究

Study On The Mechnasim Effect Of Employer Brand On Employee Retention

鍾鑫 著

摘　　要

　　企業面臨的競爭環境更加複雜且不確定性增強，競爭態勢日趨激烈，這就要求組織結構更具靈活性和柔性化，導致雇傭關係（Employment Relationship）的穩定性受到極大的挑戰，使員工面臨無邊界（或易變性）的職業生涯背景，頻繁跳槽成爲當代職場青年的一個典型特徵，這成爲企業面臨的重要問題。根據需求理論（The Perspective of Needs Satisfaction Theory）可知，未滿足的需求才是引發員工行爲的動機，而自主需求（Autonomy Need）、勝任需求（Competence Need）、關係需求（Relationship Need）是與生俱來的，員工會主動追求能滿足員工自主、勝任、關係需求的組織環境。因此，如何創造滿足員工基本心理需求（Basic Psychological Needs）的環境，促進員工留任（Employee Retention），成爲許多企業面臨的難題。

　　創建獨特的雇主品牌（Employer Brand）來滿足員工基本心理需求是解決員工留任問題的關鍵。雇主品牌是促進員工留任的重要因素，能否滿足員工的基本心理需求是員工選擇服務組織的首要標準。雇主品牌如何促進員工留任及其發生作用的邊界條件是本研究需要探討的主題。

　　爲了深入探索上述實踐問題，本研究將上述問題進一步轉化爲研究雇主品牌、基本心理需求與員工留任之間的關係。本研究以自我決定理論（Self-determination Theory）、心理契約理論（Psychological Contract Theory）、社會交換理論（Social Exchange Theory）爲基礎，構建模型，試圖回答以下問題：①雇主品牌是否會顯著地促進員工留任？②基本心理需求在雇主品牌與員工留任之間是否起仲介作用？③進一步解釋，在什麼條件下，雇主品牌會促進員工留任，破壞性領導（Destructive Leadership）與工作—家庭支持（Work-family Support）的調節作用是否衝突？

　　本研究綜合採用文獻分析法、深度訪談法和問卷調查法進行理論研究和實證檢驗。本研究通過文獻分析法系統地梳理理論基礎，對雇主品牌、基本心理需求、員工留任、破壞性領導、工作—家庭支持已有的研究成果進行綜述，爲變量之間的可能聯繫尋找理論支撐；運用深度訪談法訪談不同工作年限的員工，深入瞭解員工對雇主品牌、基本心理需求的自我感知，考慮影響員工留任

的主要因素，從實踐角度檢驗變量之間的仲介效應，挖掘調節變量；在文獻分析和深度訪談的基礎上，對雇主品牌、基本心理需求、員工留任、破壞性領導、工作—家庭支持的內涵進行歸納分析，總結變量的維度，分析變量之間的關係，提出本研究的理論模型並對變量之間的關係進行假設推演；通過問卷調查法大規模發放問卷，共收集有效問卷 500 份，採用逐步迴歸分析方法，對問卷信度、效度進行檢驗，應用 SPSS21.0 和 LISREL8.7 軟件，檢驗變量之間的主效應、仲介效應和調節效應。

本研究依託自我決定理論，提出雇主品牌對員工留任的影響機制模型，比較深入地闡述了兩者之間的關係及其作用機制與邊界條件。研究發現，在無邊界職業生涯（Boundaryless Career）時代，雇主品牌是影響員工留任的重要影響因素（「是否有作用」）。本研究初步闡述了雇主品牌對員工留任的內部作用機制（「怎樣起作用」），進而揭示出員工做出不同選擇的情境變量（「何時起作用」）。這些結論一定程度上豐富了雇主品牌與員工留任的研究內容，有助於後續相關研究的開展。

具體來說，我們通過理論研究和實證研究之後，得出的研究結論有：①雇主品牌是員工留任的重要前因變量。我們從主效應分析，發現雇主品牌對員工留任具有正向預測作用。進一步分維度研究發現，雇主品牌和組織忠誠（Organizational Loyalty）正相關，與離職傾向（Turnover Intention）和工作倦怠（Job Burnout）負相關。②雇主品牌是基本心理需求的重要前因變量，雇主品牌分別對員工的自主需求、勝任需求和關係需求具有顯著的正向預測作用。③基本心理需求在雇主品牌與員工留任之間起仲介作用，仲介效應占總效應的比例為 21.7%。④基本心理需求是員工留任的重要前因變量。從迴歸結果來看，基本心理需求顯著影響員工留任，進一步分維度研究發現，勝任需求、關係需求和工作倦怠、離職傾向、組織忠誠顯著相關，自主需求與組織忠誠不相關，與工作倦怠、離職傾向顯著相關，整體而言，基本心理需求對員工留任具有顯著的正向預測作用。⑤本研究是在前述基本心理需求的仲介效應成立的前提下，驗證破壞性領導在基本心理需求影響員工留任關係中的調節作用，驗證工作—家庭支持在基本心理需求和員工留任之間的調節作用。

因此，本研究的意義在於，理論上：①在研究對象上，選擇人力資源管理本體——員工作為研究對象，拓寬了雇主品牌的研究領域，延伸了雇主品牌的理論視角；②在研究方法上，將社會學、心理學、市場行銷學等學科知識和方法應用於人力資源管理問題，以全新的視角從人力資源管理本體——員工層面研究雇主品牌；③在研究內容上，構建理論模型，從員工基本心理需求出發，找出雇主品牌對員工留任的影響機制和作用路徑，打開了二者之間聯繫的「黑箱」。實踐上：①緩解了無邊界職業生涯背景下企業員工流動率不斷增大的壓力；②為企業領導風格以及企業員工管理模式的轉型升級提供了決策依

據；③驗證了工作—家庭支持對企業員工留任的重要影響；④比較科學、全面地掌握了企業員工的基本心理需求的現狀。企業可通過對企業員工自主需求、勝任需求以及關係需求的調查和分析，更好地瞭解和掌握企業員工的基本心理需求，從而爲留住企業優秀員工提供依據。

本研究的創新之處體現在以下幾個方面：

（1）構建了雇主品牌對員工留任的影響機理模型，爲研究員工留任提供了全新的視角。在以往國內外研究者對員工留任的研究中，學者們主要從組織的角度出發，將重點放在了組織爲爭取員工留任的各種努力上，而忽視了實際做出留任行爲的主體——員工。事實上，員工作爲自我決定的主體，在主觀評價組織爲爭取其留任所付出的努力後，綜合考慮自己的基本心理需求是否得到滿足，才最終做出留任的選擇（Carver, Scheier, 1999）。可見，員工對基本心理需求滿足的主觀感知才是影響其留任行爲的核心，基於組織層面的雇主努力僅僅是一個環境刺激。本研究基於自我決定理論，從員工對基本心理需求滿足的主觀感知視角出發，探索並驗證了雇主品牌與員工留任之間的關係，進一步豐富了員工留任的相關研究。

（2）從自我決定理論出發，引入基本心理需求作爲仲介變量，打開雇主品牌與員工留任作用機制的「黑箱」。現有文獻研究主要將視角聚焦在雇主品牌對員工留任的因果關係上，對於雇主品牌如何影響員工留任的仲介機制的研究依然匱乏，雇主品牌以怎樣的路徑影響員工留任仍然是「黑箱」狀態。本研究借鑑人力資源管理和心理學的相關理論、雇主品牌與行銷學中顧客重複購買的研究成果，實證檢驗了企業員工基本心理需求在雇主品牌對員工留任影響機制中的仲介作用，借此對雇主品牌建設以及企業管理實踐提供建設性參考意見。本研究結合員工自身多樣化的心理需求、高自主性、高風險偏好和創新性的特點，引入自我決定理論，以自主需求、勝任需求和關係需求基本心理三個需求分維度作爲仲介變量，研究雇主品牌對員工留任的影響機制，找到了打開雇主品牌與員工留任作用機制「黑箱」的一把鑰匙，爲後續研究提供了參考與借鑑。

（3）「陰陽式」地驗證了破壞性領導風格和工作—家庭支持的調節作用。本研究開拓性地分別選取了領導風格的陰暗面代表——破壞性領導風格以及正向積極的工作—家庭支持作爲兩個調節變量，形成「陰陽式」的研究視角，共同調節整個模型。一方面，早期關於領導風格的研究主要集中在積極面的領導風格上，較少研究選取陰暗面的領導風格。本研究探究破壞性領導風格是否調節了雇主品牌對企業員工基本心理需求滿足的影響作用，採用逆向思維的方式，反向地從實證分析結果中向組織提煉出關於領導風格的負面清單並提出科學合理建議，進而幫助企業有效地留住核心員工。另一方面，工作—家庭支持屬於工作家庭關係中的一種，表現爲工作—家庭關係之間的積極作用。本研究

探討工作—家庭支持是否調節了員工基本心理需求對員工留任的影響作用，從積極正面的思維角度，正向地從分析結果中提出如何實現工作—家庭支持的建議，進而讓企業有效地留住核心員工。

Abstract

With the rapid development of economical globalization and science and technology and the prosperity of knowledge economy, competition environment which enterprises face is more complex and more uncertain, which requires that structure of the organization should be more flexible. Under such condition, the stable employment relationship faces extreme challenge, and employees are under no boundary (or protean) career background, hence, frequent job-hopping becomes a typical character of the contemporary young employees. From the perspective of needs satisfaction theory, the unsatisfied needs of the employees are the motivation to employees' actions, and employees will pursue organization environment which can satisfy their autonomy, competence, and relationship need. Therefore, most enterprises face actual challenges like how to create environment which can satisfy basic psychological needs of employees, how to improve employees' commitment to the organization, and how to promote employee retention.

The key point to solve employee retention problem is to create unique employer brand that can satisfy basic psychological needs of employees. To explore employee retention problem, it has become a hot topic in international academia and an important area in which developed country formulates public policy. Employer brand construction is one of the main ways to promote employee retention, and that whether it can satisfy basic psychological needs of employees is the first standard for employees to choose service organization. This paper mainly studies how employer brand promotes employee retention and what is the boundary condition.

In order to explore the practical problem mentioned above, this paper will further transform the problem into: study the relationship among employer brand, basic psychological need and employee retention. This study builds the model based on self-determination theory, social exchange theory, psychological contract theory in psychology theory, and tries to answer: ①Will employer brand significantly promote employee retention? ②Will basic psychological need play an intermediary role between employer brand and employee retention? ③How will employer brand construction promote employee retention in the future? Suppose that basic psychological need has played an intermediary role, this study will bring in destructive leadership and work-family support, and examine whether destructive leadership and work-family support have moderating effect among employer brand, basic psychological need and employee retention. This will build a model which has moderation effect with mediation role and mediation role with moderation effect, and will further study the mechanism among variables.

This paper uses literature analyzing method, depth interview and questionnaire investigation comprehensively to do theoretical research and empirical test. Using literature analyzing method, the author clears up the theoretical basis of this paper systematically, and summarizes the existing research results on employer brand, basic psychological need, employee retention, destructive leadership and work-family support to look for theoretical support for the possible link among variables; Using depth interview, the author interviewed various kinds of staff and triedto understand their perception of employer brand and their self-perception of the three basic psychological needs so that we can consider the main factors affecting employee retention and examine intermediary effect among variables and explore moderating variables from the perspective of practice; Based on literature analyzing method and depth interview, the author summarizes and analyzes employer brand, basic psychological need, employee retention, destructive leadership, and work-family supporting scope, then concludes the dimensions of the variables and analyzes the relationship among the variables, finally comes up with theoretical model of this study and deducts the relationship among the variables. Using questionnaire investigation, we handed out questionnaires on a large scale, collected 500 valid questionnaires, and then tested the reliability and validity of the questionnaires using relevant statistical analysis method, afterwards examined main effect, intermediary effect and moderating effect among variables using SPSS21.0 and LISREL8.7 software.

Based on self-determination theory, this paper studies the impact of employer brand on employee retention, and deeply explains their relationship, their mechanism and their boundary conditions. We concluded that employer brand is one of the most important factors which affect employee retention during boundary less career era (whether work). This paper preliminary explains that employer brand has internal effect on employee retention (how to work), then reveals situation variables when employees make different choices (when work). To some extent, these results enrich the research contents of employer brand and employee retention, and it contributes to the following related research.

The researching conclusions are as follows: ①The employer brand is an important antecedent of employee retention. Analyzing through main effect, we found that the employer brand has positive prediction effect on employee retention. Analyzing further from each dimension, we found the employer brand has positive effect on organizational loyalty, and has negative effect on turnover intention and job burnout. The research deals with turnover intention and job burnout as reverse construct, therefore, the correlation coefficient which gets from the assumption of the fifth parts positive; ②The employer brand is an important antecedent of basic psychological needs, and the employer brand significantly has positive prediction effect on independent demand of the employee, competent demand and relationship demand; ③The basic psychological has intermediary effect on employer brand and employee retention, and mediation effect accounts for 21.7% in total effect; ④The basic psychological needs is an important antecedent of employee retention. From the regression results, we found the basic psychological needs impact employee retention significantly. Analyzing further from each dimension, we found that independent demand, competent demand, and relationship demand have positive effect on job burnout, turnover intention and organizational loyalty significantly. On the whole, the satisfaction of basic psychological needs has significant positive prediction effect on employee retention; ⑤The conclusion of this research based on the above result that the basic psychological needs have mediation effect, then, we verified that destructive leadership plays moderating role when employer brand effects employee retention through basic psychological needs; ⑥We verified that work-family support plays a moderating role between basic psychological needs and employee retention.

In theory, the significance of this study is as follows: ①About researching object, we chose enterprise staff as the researching object, thus, broadening the research field of the employer brand and extend the theory tentacles of employer brand; ②About researching method, subject knowledge, such as: sociology, psychology and Maketing, and methods were used on human resource management issues. Thus, employer brand is studied from micro-level from a fresh perspective; ③About research content, we built a model on employer brand and employee retention, and found out mechanism and functional path between employer brand and employee retention from the perspective of the basic psychological needs, thereby, unfolding the confusing relationship between them.

In practice, the significance of this study is as follows: ①This paper eases pressure of firms that turnover of enterprise employee increased under boundaryless career background. ②Decision foundation is provided when enterprise leadership styles and management model to enterprise staff should be transformed and upgraded. ③ This study verifies the importance of work-family support to enterprise employee retention. ④We understand present situation of the enterprise employees' basic psychological needs more scientific and comprehensively. Through investigation and analysis about independent demand of enterprise staff, competent demand and relationship demand, we understand basic psychological needs of employees under the new situation better, and provide evidence for the firm to retain good enterprise employees.

The innovation points of this paper are as follows:

(1) Itconstructs theeffect mechanism model between employer brand and employee retention, providing a new perspective for studying employee retention. In previous research on employee retentionat home and abroad, scholarsmainlyfocused on the organization'sefforts to retain employees, while ignoring the actual retention behavior subject of employees. In fact, employees, as the main part of self-determination, can only make retention decision after when they feel their basic psychological needs are met (Carver & Scheier, 1999). Therefore, we can seeemployees'subjective perception of whether their basic needs are satisfied is the core of the retention behavior, while the employers' efforts are only environmental stimuli. Based on self-determination theory and from perspective of employees'subjective perception of basic psychological need satisfaction, this study explores and validates the relationship between employer brand and employee retention, further enriching the research on employeeretention.

(2) This paper uses basic psychological needs as mediating variable to open the 「black box」of complex mechanism between employer brand and employee retention. Existing literature focuses on causal relationship between employer brand and employee retention. However, the study still lacks the mediation mechanism that explains how employer brand affects employee retention, and how employer brand affects employee retention still stays「black box」state. Reference to related theoryabout human resource management and psychology and researching result about customer repeat purchase in corporate employer brand and marketing research, this paper empirically tests the mediation effect of basic psychological needs of enterprise employee between employer brand and employee retention. And this result will provide constructive references for employer brand building and corporate management practice. Combined with several characteristics of employee--diversify psychological demand, high autonomy, high risk preferences and innovation, this paper introduces self-determination theory, uses three basic psychological needs—autonomy needs, competence needs and relatedness demand as mediating variable to explain the effect mechanism of employer

brand to employee retention. Finally, we get the 「key」 to open the 「black box」 of employer brand and employee retention, and provide reference for further research.

(3) This paper validatesmoderating effect of destructive leadership style and work-family support by 「yin-yang」 type. This study chooses dark side representative of leadership style--destructive leadership style and positive work-family support as two moderating variables. On the one hand, previous researcheson leadership style mainly focused on positive leadership styles, such as public servant leadership, integrity leadership, charismatic leadership, and less research on dark side leadership styles, such as destructive leadership, humiliating and abusing leadership. Through reverse thinking method, this study explores whether destructive leadership style will adjust the impact of employer brand to the meet of basic psychological needs, and extracts reversely negative list about leadership style from empirical analyzing result and put forward scientific and reasonable suggestions, thus can retain the core staff effectively. On the other hand, work-family support is one aspect of work-family relations, corresponding to work-family conflict, and reflects the positive effect between work and family relation. Contrary to research on destructive leadership style, this study explores whether work - family support adjusts the effect of employee's basic psychological needs to employee retention. From positive thinking aspect, this study gives suggestions on how to implement work-family support from empirical analyzing results positively, thus enterprises can retain the core staff effectively.

目　錄

1　導論 / 1
　1.1　研究背景 / 1
　　1.1.1　現實背景 / 1
　　1.1.2　理論背景 / 3
　1.2　問題的提出 / 4
　1.3　研究意義 / 5
　　1.3.1　理論意義 / 5
　　1.3.2　實踐意義 / 6
　1.4　研究的主要內容 / 6
　1.5　研究方法和技術路線 / 8
　　1.5.1　研究方法 / 8
　　1.5.2　研究階段和技術路線 / 9
　1.6　本研究的篇章結構 / 10
　1.7　研究創新 / 11

2　理論基礎與文獻綜述 / 13
　2.1　自我決定理論 / 13
　2.2　雇主品牌相關研究述評 / 14

2.2.1　雇主品牌的涵義 / 14

　　　2.2.2　雇主品牌的測量 / 17

　　　2.2.3　雇主品牌的主要理論 / 19

　　　2.2.4　評析 / 21

　2.3　員工留任相關研究述評 / 21

　　　2.3.1　員工留任的涵義及主要概念辨析 / 21

　　　2.3.2　員工留任的測量 / 23

　　　2.3.3　員工留任的前因變量 / 24

　　　2.3.4　評析 / 26

　2.4　基本心理需求的相關研究述評 / 27

　　　2.4.1　基本心理需求的涵義及主要概念辨析 / 27

　　　2.4.2　基本心理需求的測量 / 29

　　　2.4.3　基本心理需求的前因變量 / 31

　　　2.4.4　基本心理需求的結果變量 / 32

　　　2.4.5　評析 / 35

　2.5　破壞性領導相關研究述評 / 36

　　　2.5.1　破壞性領導的涵義 / 36

　　　2.5.2　破壞性領導的測量 / 38

　　　2.5.3　破壞性領導相關研究 / 39

　2.6　工作—家庭支持的研究述評 / 40

　　　2.6.1　工作—家庭支持概念的研究 / 40

　　　2.6.2　工作—家庭支持的測量 / 42

　2.7　主要變量間的關係研究 / 44

　　　2.7.1　雇主品牌與員工留任的關係研究 / 44

　　　2.7.2　雇主品牌與基本心理需求的關係研究 / 45

2.7.3 基本心理需求與員工留任的關係研究 / 46

2.7.4 破壞性領導對雇主品牌、基本心理需求的關係研究 / 47

2.7.5 工作—家庭支持對基本心理需求、員工留任的關係研究 / 47

2.8 文獻綜述小結 / 48

3 研究設計 / 50

3.1 概念模型和研究變量 / 50

3.1.1 概念模型 / 50

3.1.2 研究變量 / 52

3.2 研究假設的提出 / 55

3.2.1 雇主品牌與員工留任之間的關係假設 / 55

3.2.2 雇主品牌與基本心理需求之間的關係假設 / 57

3.2.3 基本心理需求與員工留任之間的關係假設 / 59

3.2.4 基本心理需求在雇主品牌與員工留任之間的仲介效應作用假設 / 62

3.2.5 破壞性領導的調節作用假設 / 63

3.2.6 工作—家庭支持的調節作用假設 / 64

3.2.7 研究假設匯總 / 64

3.3 小結 / 65

4 研究方法與數據分析 / 67

4.1 深度訪談法 / 67

4.1.1 訪談目的 / 68

4.1.2 訪談對象選取 / 68

4.1.3 訪談資料收集 / 69

　　　　4.1.4　訪談資料整理 / 70
4.2　預調研：問卷調查法 / 73
4.3　小樣本數據分析 / 75
　　　　4.3.1　小樣本概況 / 75
　　　　4.3.2　小樣本的信度和效度分析 / 76
4.4　共同方法偏差的檢驗 / 85
4.5　大樣本的數據收集與處理 / 86
　　　　4.5.1　大樣本抽樣 / 87
　　　　4.5.2　樣本情況 / 87
　　　　4.5.3　正式量表的信效度檢驗 / 88
　　　　4.5.4　驗證性因子分析和組合信度 / 90

5　數據分析與假設檢驗 / 101

5.1　描述性統計分析 / 101
　　　　5.1.1　各變量的描述性分析 / 101
　　　　5.1.2　相關性分析 / 102
5.2　人口統計特徵的方差分析 / 103
5.3　雇主品牌對員工留任影響的假設檢驗 / 115
　　　　5.3.1　雇主品牌與員工留任的關係 / 116
　　　　5.3.2　雇主品牌與基本心理需求的關係 / 119
　　　　5.3.3　基本心理需求與員工留任之間的關係 / 122
　　　　5.3.4　基本心理需求的仲介作用 / 128
5.4　調節效應檢驗 / 142
　　　　5.4.1　破壞性領導的調節作用檢驗 / 142
　　　　5.4.2　工作—家庭支持的調節作用檢驗 / 143

5.5 研究假設檢驗結果匯總 / 144

6 結論與展望 / 146

6.1 研究結論與討論 / 146

6.2 理論貢獻及管理實踐啟示 / 150

  6.2.1 研究的理論貢獻 / 150

  6.2.2 管理實踐啟示 / 152

6.3 研究局限和展望 / 159

參考文獻 / 161

附錄 / 176

1 導論

隨著中國全面深化改革的逐步深入，企業間的競爭環境發生了巨大變化，企業競爭的複雜性和不確定性加劇了。對大部分企業來說，物質資源和資金資源效用的有限性往往制約著企業在競爭中的發展。然而，與物質和資金資源相比，人力資源憑藉其潛力性、靈活性和能動性的特質成爲決定企業能否在激烈競爭中取得成功的核心要素（Sorasak，2014）。因此，如何留住企業優秀員工成爲當前理論研究和業界實踐共同關注的焦點。早期有關員工留任的研究主要集中在企業和組織層面，認爲員工留任是雇主爲滿足業務目標而使員工樂意留下的努力（Herman，1990；Frank，2004；Simons，Lens，2004），而員工留任實際上是員工對雇主這些努力的感知與回應（Mak，2001）。但是，員工獨特的雇傭體驗即雇主品牌，對員工留任作用機制的研究卻少之甚少。本研究從自我決定理論視角出發，立足於員工基本心理需求的滿足，採用動態心理學的研究範式探究影響員工留任的內在機制。本章闡述了研究的背景及意義，提出了研究需要解決的主要問題，介紹了研究的基本方法和技術路線，最後詳細說明了本研究的研究創新。

1.1 研究背景

1.1.1 現實背景

1. 日益激烈的企業間競爭對優秀員工的依賴性增強

中國經濟經歷了改革開放三十多年的快速發展，經濟發展方式正在進行全面轉型和升級。當前企業競爭面臨的形勢是市場主導了行業內的資源配置，基於此，企業競爭在資源配置的作用下迴歸市場化和理性化，企業間的競爭變得日趨激烈（余斌，吳振宇，2014）。傳統的企業競爭模式往往依賴於企業自身所擁有的物質資源、資金資源以及社會關係資源，企業間的競爭實際上是對這些稀缺資源掌控能力的競爭（Dasam，2013）。與傳統的企業競爭模式相比，目前的企業競爭更依賴於企業自身的人力資本（陳忠衛，張廣琦，2013）。人

力資本是目前企業最具活力、最有價值以及最有潛力和能動性的戰略資本（Anant Singh，2013）。人才競爭力的提升是企業保持持久競爭的關鍵，而這些直接依賴於企業所擁有的人力資本。

《博鰲亞洲論壇亞洲競爭力 2015 年度報告》對 2014 年度亞太地區18,533家上市企業競爭力進行了評估，中國有 51 家上市企業進入前 300 名。優秀員工是企業最寶貴的財富，是企業核心競爭力所在（Waleed Hassan，2013）。企業要想在日益激烈的競爭中取得勝利，就必須依賴企業的優秀員工。

2. 無邊界職業生涯時代員工的流動性增大

員工是企業的寶貴資源，優秀員工體現了企業的核心競爭能力，對於企業而言是不可或缺的戰略性資源。然而，企業優秀員工的自身特質——追求自我實現、較高的自主性以及稀缺性使其表現出較高的流動性（肖利哲，2015）。同時，隨著中國經濟社會的發展，企業組織形式也趨於靈活化、扁平化、柔性化，無邊界職業生涯使企業與員工之間的關係由傳統的單一型向雙向自由選擇型轉變（Amir Raz，2013）。這些變化加大了員工的流動性。

《中國人力資源發展報告（2014）》顯示，2014 年度中國員工平均流動率爲 15.9%，在全球處於高位，並且呈現同比上升的趨勢。與此同時，該份報告還指出中國「985」「211」院校畢業的年輕員工流動率遠高於平均水平，頻繁跳槽成爲新一代職場青年的標籤，優秀員工的流失對於企業而言無疑是重大損失。

3. 領導風格和工作—家庭關係對企業員工行爲的影響增大

隨著企業間競爭的加劇，企業外部壓力必然轉移到企業內部，組織中領導—員工關係體現了組織環境與個體的互動，員工與領導的上下級關係對員工行爲具有重要的影響（Dasam，2013）。Ryan（1995）提出領導對待下屬的方式通過對員工心理需求的滿足進一步影響其工作行爲。換言之，領導風格直接影響到員工對領導以及組織的認知。隨著社會物質資源的累積，員工開始更加關注心理需求的滿足。這表現在，他們更加關注自己是否得到領導的支持、尊重、認可。《中國人力資源發展報告（2014）》顯示，53%的員工非正常離職行爲都與領導的上下級關係有關。由此可見，領導關係成爲當下職場中一種極其重要的關係，而破壞性領導在中國情境下更加顯著。

家庭作爲社會最基本的細胞，支撐著整個社會的倫理格局，中國社會是個傳統的人情關係社會，家庭和工作的界線不再是棱角分明。換言之，家庭作爲社會的一個重要組成部分，對組織成員的基本心理需求具有重要影響（李永鑫，2009）。工作和家庭的關係發生了微妙的變化——由傳統的對立面逐步走向統一，家的觀念也在不斷強化。個體可以從工作（家庭）的角色中收穫有意義的資源，從而幫助其在另一角色中更好地表現（Greenhaus，Powell，2006）。因此，家庭成爲新時期下調節員工行爲的又一重要影響因素。

1.1.2 理論背景

1. 雇主品牌是企業對優秀員工釋放的良好信號

根據品牌行銷理論和消費者重複購買理論，良好的品牌是企業向顧客釋放的積極而富有意義的信號。同樣在企業內部，企業通過雇主品牌向員工釋放積極信號。Backhaus 和 Tikoo（2004）通過研究認為，雇主品牌的理論基礎是資源基礎觀、心理契約理論和品牌權益理論。由心理契約理論可知，員工和雇主對彼此提供的各種責任有自己的理解和感知，在這種相互理解感知的基礎上建立了心理契約（Herriotp, Pemberton, 1995）。雇主通過建立、維護雇主品牌向員工發出積極的信號，該信號代表企業方面的心理契約，員工感知該信號並與自己的心理契約相匹配，若雙方心理契約一致性高，則將進一步強化員工留任該企業。

2. 從基本心理需求視角出發探討員工留任的作用機制，打開雇主品牌對員工留任的作用機制的「黑箱」

本研究從基本心理需求視角探究員工留任機制，依據自我決定理論，力圖探索無邊界職業生涯背景下雇主品牌對員工留任的作用機制，為分析員工留任提供嶄新的視角。自我決定理論強調人的主動性，主張人在面對環境挑戰的時候能夠通過把新的經驗整合成自我意識來實現自我發展，並認為這是一種先天的本能傾向，但是這種先天本能仍然受到組織環境的影響。基於這一原因，自我決定理論強調員工有機體和組織環境之間的互動，認為人會尋找滿足自我基本心理需求的環境。雇主品牌會影響員工的基本心理需求：自主需求、勝任需求、關係需求，當員工的基本心理需求滿足後，員工感知到這種刺激，內化為自己的行為，並促進員工留任。綜上所述，在員工基本心理需求多樣化的背景下，以基本心理需求為核心來研究員工留任能夠提升人力資本的地位及價值，契合「以人為本」的管理理念，同時為促進員工留任的管理實踐提供全新的思路。

3. 領導風格和家庭支持是影響基本心理需求和員工留任的重要因素

雇主品牌表現為企業為員工提供的功能的、經濟的和心理的利益等集合的差異化（Tim Ambler, Simon Barrow, 1996）。而領導在組織成員內部資源分配過程中發揮著重要作用（Barney, 1991）。因此，領導風格影響著企業的雇主品牌。近年來，領導風格普遍被認為是組織成功的關鍵因素，而破壞性領導體現領導風格的陰暗面，受到廣泛關注（Yukl, 2010）。破壞性領導是妨礙組織目標、任務、資源和影響力，減弱下屬的激勵力、幸福感和滿足感的領導風格（Kile, 1990）。破壞性領導不僅會導致下屬產生抑鬱、焦慮、緊張等消極心理，而且影響著員工的基本心理需求的滿足（Tepper, 2007；吳宗佑, 2008）。

家庭作為社會的一個重要組成部分，其對組織成員的基本心理需求具有重

要影響（李永鑫，2009）。Kilic（2007）發現，工作—家庭支持對員工工作滿意度有重要影響，來自配偶的支持與一些工作結果呈顯著正相關，包括工作成就感、良好的身體狀況、工作滿意度等，即家庭支持越高，員工的工作滿意度越高，工作倦怠越少。與此同時，Wayne 等（2006）的研究發現，家庭對工作的促進則與員工的離職傾向顯著負相關。因此，工作—家庭支持是影響基本心理需求和員工留任的重要因素。

1.2 問題的提出

當代企業員工期望和心理需求的變化，導致員工的流動性增大，使員工留任成了組織面臨的巨大挑戰。企業都力爭用最佳的人力資源管理措施來留住員工，從而使企業獲得持續的核心競爭力。除此之外，在全球競爭環境的壓力之下，組織不得不樹立起良好的自身形象即雇主品牌，來對員工產生強烈的吸引力，使其能夠長期留任。Vaneet Kashyap 和 Santosh Rangnekar（2014）認爲，良好的雇主品牌以及它的獨特性對於解決員工離職有重要作用。

員工本身以及外在競爭環境的變化，無論是對於理論界還是實踐界，在員工留任的問題上對學者和企業都提出了更高的要求，迫切需要研究者不斷探尋新的研究方法，找到真正能夠幫助企業留住員工的理論支持和實踐方法。

在以往的研究中，研究者們主要將員工留任的影響因素歸爲以下幾個方面：福利（Trevor, Gerhart, Boudreau, 1997；Davies, Taylor, Savery, 2001；Gardner, Van Dyne, Pierce, 2004）、獎勵和認同（Agarwal, 1998；Walker, 2001；Silbert, 2005）、晉升和成長機會（Pergamit, Veum, 1999；Meyer, et al., 2003）、參與決策（P. Hewitt, 2003；Noah, 2008）、工作環境（Miller, Erickson, Yust, 2001；Wells, Thelen, 2002；Ramlall, 2003）、培訓和發展（Messmer, 2000；Tomlinson, 2002；Garg, Rastongi, 2006；Handy, 2008）、領導（Eisenberger, Fasolo, Davis-LaMastro, 1990；Brunetto, Farr-Wharton, 2002；Chung-Hsiung Fang, Sue-Ting Chang, Guan-Li Chen, 2009）、工作保障（Ashford, Lee, Bobko, 1989；Rosenblatt, Ruvio, 1996）等，這些研究大多是從人力資源管理措施入手，站在企業的角度上想方設法去留住員工。但是這一系列的研究並沒有從員工角度出發，忽視了決定員工是否留下的關鍵主體——員工本身。員工作爲社會人，隨著社會發展和變化，其期望與心理需求也在不斷變化，而這是導致現當代員工流動性增大的重要因素之一。因此，企業想要長期有效地留住員工，先要留住員工的心，而要留住員工的心，則需滿足員工基本心理需求，這一邏輯爲該領域研究提供了新的研究思路。

本研究從新的視角入手，以企業員工自身的基本心理需求爲出發點，並在

以前學者研究雇主品牌與員工留任關係的啟示下，借用動態心理學「刺激→感知→行爲」模式，進一步探究雇主品牌（刺激）如何通過員工基本需求滿足（感知）來作用於員工留任（行爲）。根據上述的「刺激→感知→行爲」模式，本研究將雇主品牌作爲刺激因素，這一刺激來自於員工本身能夠感知到的雇主與其他企業有所差異的獨特性。該模式的核心是刺激信號引發員工對雇主品牌的認同感，員工通過對雇主品牌的感知，獲得基本心理需求的滿足，進而表現出不同的行爲（留任或離職）。

總的來說，本書試圖解決以下問題：

（1）雇主品牌對員工留任是否具有影響？（是否起作用）如何通過雇主品牌來留住企業優秀員工？

（2）企業員工的基本心理需求有何變化？如何通過優化其基本心理需求的滿足來進一步提升雇主品牌對員工留任的影響？（怎樣起作用）

（3）破壞性領導對雇主品牌和員工基本心理需求的邊際作用是否明顯？工作—家庭支持能否調節員工基本心理需求感知及其留任行爲？（何時起作用）在企業人力資源管理戰略中如何利用好領導和家庭這兩個因素？

1.3　研究意義

1.3.1　理論意義

本研究豐富和完善了雇主品牌及員工留任的相關研究和理論。

其一，在研究對象上，本研究選擇人力資源管理本體——員工作爲研究對象，拓寬了雇主品牌的研究領域，延伸了雇主品牌的理論視角。以往的研究多從雇主或者企業的角度來考慮雇主品牌的作用和意義，而本研究通過員工感知雇主品牌，來影響員工留任，類似於市場行銷學中以消費者爲主導研究企業品牌和產品品牌的研究。更爲微觀的研究視角，將會更加符合雇主品牌在留住員工方面的研究價值。

其二，在研究方法上，本研究將社會學、心理學、市場行銷學等學科知識和方法用於人力資源管理問題，以全新的視角從微觀層面研究雇主品牌。

雇主品牌這一概念源於行銷學中的品牌理論，本研究通過員工對雇主品牌的基本心理需求感知來探尋影響其留任行爲機制，這一過程需要多學科交叉融合，從而把雇主品牌建設的隱性問題顯性化、破碎問題系統化，豐富了雇主品牌的相關研究。

從行銷學的視角來看，本研究把員工看成是企業的內部顧客，把雇主品牌視爲企業對員工的內部行銷，而內部行銷的目標就是員工留任。然而，將這一

過程和企業對顧客的外部行銷進行比較，我們發現，企業對員工和顧客做出努力的方式有所不同，但最終目的都是爲了達成交易。企業的成功離不開持續地與員工、顧客保持這種交易關係。本研究將企業與員工的持續交易關係視爲員工留任，與顧客的持續交易關係視爲重複購買行爲。在研究顧客重複購買行爲的模型中，顧客滿意普遍作爲了一個原因變量（儘管並不是唯一的一個），用於預測顧客的重複購買行爲（史有春，劉春林，2005；李東進，楊凱，周榮海，2006）。滿意是一種心理狀態，是個人的基本心理需求得到滿足的狀態。所以雇主品牌對員工留任的內在機制受到員工基本心理需求滿足的影響。

其三，在研究內容上，本研究構建了雇主品牌與員工留任模型，從員工基本心理需求出發，找出雇主品牌對其員工留任的影響機制和作用路徑，打開了兩者之間聯繫的「黑箱」。同時，本研究還探究了破壞性領導風格，以及工作—家庭支持對雇主品牌通過基本心理需求影響員工留任的調節作用。現有文獻中雖然有部分學者分別對雇主品牌、基本心理需求、員工留任、破壞性領導風格、工作—家庭支持等進行了相關研究，但也僅僅研究了兩個變量之間的關係，未能充分研究以上變量之間的縱橫向關係，並從中探究其作用機制。本研究針對這幾個變量進行理論的梳理，探究其內在聯繫，通過實證分析進行驗證，尋找雇主品牌與員工留任的作用路徑。

1.3.2 實踐意義

本研究爲留住企業優秀員工提供了策略性的建議和啓示，從而爲企業員工管理改革提供智力支持：①緩解無邊界職業生涯背景下企業員工流動率不斷增大的壓力。無邊界職業生涯使企業組織形式變得靈活化、扁平化、柔性化，這些都加大了員工的流動性和不確定性。本研究通過對雇主品牌的研究，從員工基本心理需求角度探索影響員工留任的機制，有利於緩解企業員工流動的壓力。②爲企業員工管理模式的轉型升級提供決策依據。破壞性領導體現了領導行爲的陰暗面，普遍存在於實踐工作中。本研究通過對破壞性領導的相關測量，以實證分析驗證其是否對雇主品牌和員工留任有調節作用，以此爲企業留住員工提供科學的依據和方法。③本研究驗證了工作—家庭支持對企業員工留任的重要影響。工作—家庭支持揭示了工作之外的因素對員工留任的影響程度。其通過對企業員工自主需求、勝任需求以及關係需求的調查和分析，更好地瞭解和掌握企業員工的基本心理需求，從而爲留住企業優秀員工提供依據。

1.4 研究的主要內容

本研究主要討論雇主品牌對員工留任影響機制，以基本心理需求爲仲介變

量,以破壞性領導風格和工作—家庭支持爲調節效應,從自我決定理論視角來考察雇主品牌對員工留任的影響機制。

具體說來,研究內容主要圍繞四個方面來完成:

1. 雇主品牌與企業員工留任的主效應研究

筆者通過文獻梳理,發現關於雇主品牌對員工留任的研究較多。Edwards(2011)認爲雇主品牌是一種代表雇主形象的標志,其本質是能幫助企業吸引潛在勞動力並激勵和保留現有員工的相關價值、政策和行爲體系。一方面,擁有良好雇主品牌的企業與一般企業相比,其員工流失率低很多;另一方面,雇主品牌能提升現有員工的工作滿意度,提高工作績效。Will Rush(2001)以及中國學者陳靜(2009)認爲雇主品牌是影響優秀員工留任的重要因素,在吸引和激勵核心員工的同時,還能讓員工產生歸屬感、榮譽感,提升忠誠度。由此可知,在組織情境中,雇主品牌對員工留任影響具有積極的作用。雇主品牌作爲影響員工留任的重要前因變量,其早期研究成果在當前的組織情境下是否依然適用,是本研究關心和關注的重點。因此,雇主品牌對員工留任的影響機制及其影響程度將會是本研究的重要內容之一。

2. 基本心理需求作爲雇主品牌與員工留任之間的仲介效應研究

自我決定理論有力地闡述了環境如何對個體行爲產生影響。它與積極心理學和積極組織行爲學緊密聯繫。根據自我決定理論,首先,三種基本心理需求滿意度(自主需求、勝任需求、關係需求)爲本研究提供了個體與組織互動的內在動力源泉。其次,基本心理需求的滿足程度取決於環境和自我的決定的相互作用:一方面,個體行爲受到基本心理需求滿足和自我決定程度的共同影響;另一方面,環境對個體基本心理需求的滿足具有重要影響。組織要想被獨立個體所感知並產生融入感,必須要被個體理解和認知,而雇主品牌的基礎是員工在組織中的感受,即雇傭體驗。雇傭體驗能滿足員工的基本心理需求是激勵和留住員工的關鍵。基本心理需求得到滿足能夠促成個體的積極行爲和態度,反之當基本心理需求得不到滿足的時候,個體會表現出消極的行爲和態度。過去的研究顯示,基本心理需求滿意度與更好的工作表現(Greguras, Diefendorff, 2009)、更加投入的工作態度(Deci, et al., 2001)、更佳的心理狀態(Gagné, Deci, 2005)呈正相關。相反,在基本心理需求得不到滿足的情況下,員工會出現行爲偏差(Shields, Ryan, Cicchetti, 2001)。

綜上所述,雇主品牌感知的強弱能夠影響員工基本心理需求的滿足,同時,員工基本心理需求的滿足,與組織忠誠具有正相關關係;與員工離職傾向、員工工作倦怠呈負相關關係。而離職傾向、工作倦怠和組織忠誠恰好是衡量員工留任的三個維度。因此,本研究的第二個重要內容就是,檢驗員工的基本心理需求的滿足是不是雇主品牌與員工留任之間的仲介。

3. 領導風格對雇主品牌與員工基本心理需求的調節效應研究

從資源基礎觀來看，雇主品牌是組織取得差異化競爭優勢的資源；根據心理契約理論，雇主品牌是企業爲內部員工提供的品牌承諾（Backhus, Tikoo, 2004）。在組織情境下，員工與主管領導接觸較多，領導也常常被看成是組織或部門的代理人，破壞性領導是一種重要的資源配置方式（Yukl, 2010）。破壞性領導不僅會導致下屬產生抑鬱、焦慮、緊張等消極心理，而且影響著員工的基本心理需求的滿足（Tepper, 2007；吳宗佑，2008）。由此可見，破壞性領導風格一定程度上影響員工雇主品牌的感知。故本研究從破壞性領導風格出發，考察領導風格對雇主品牌與基本心理需求滿足之間關係的調節作用。即：當破壞性領導風格影響較大時，通過雇主品牌對員工基本心理需求滿足的影響變弱；當破壞性領導風格影響較小時，通過雇主品牌對員工基本心理需求滿足的影響變強。

4. 工作—家庭支持對基本心理需求與企業員工留任的調節效應研究

工作—家庭支持是工作家庭關係中的一個方面，與工作—家庭衝突相對應，表現了工作—家庭關係之間的積極作用。家庭領域的支持主要來自配偶，分爲工具性支持和情感性支持。提升工作滿意度、提升員工的情感承諾等是工作—家庭支持的重要結果變量，而工作滿意度、情感承諾等又可以影響員工留任（Karatepe, Kilic, 2007）。研究表明，得到的工作家庭支持越多，員工投入工作就會越多，工作壓力就會越小，這樣員工就能感到更加勝任自己的工作（Allen, 2001）。故本研究從工作—家庭支持出發，考察工作—家庭支持對員工基本心理需求與員工留任之間關係的調節作用。即：當工作—家庭支持程度較高時，通過員工基本心理需求的滿足對員工留任的影響變強；當工作—家庭支持程度較低時，通過員工基本心理需求的滿足對員工留任的影響變弱。

1.5 研究方法和技術路線

1.5.1 研究方法

本研究主要採用國內外較爲成熟的實證研究方法和程序。

（1）本研究基於文獻梳理，綜合採用文獻分析法、深度訪談法進行檢驗。本研究對雇主品牌、基本心理需求、員工留任、破壞性領導、工作—家庭支持的邏輯關係及變量之間的可能聯繫尋找理論支撐；運用深度訪談法訪談不同工作年限的員工，深入瞭解員工對雇主品牌、基本心理需求的自我感知，考慮影響員工留任的主要因素，從實踐角度檢驗變量之間的仲介效應，挖掘調節變量。經過以上定性研究方法可檢驗國外成熟量表在中國情境下的適用性。

（2）爲保證研究結論的信度和效度，本研究在遵循統計基本原理的條件下，選擇小樣本進行預調研，由調查數據及受調查者的反饋對問卷進行修正，得出正式調查問卷。

（3）本研究進行大樣本調查，根據非隨機抽樣方法和科學嚴謹的精神向企業現有員工發放問卷，獲取第一手數據資料。預計回收問卷 400～600 份，問卷收集地區包括西南、華中、華南、東北等地區。

（4）本研究對大樣本做統計分析的過程之中：針對各變量的結構維度，採用探索性和驗證性因子分析進行檢驗；量表信度和效度方面，嚴格遵循 CITC 法和阿爾法系數法進行檢驗；對於控制變量對自變量、仲介變量、因變量和調節變量各維度的影響，運用獨立樣本 T 檢驗和單因素方差分析進行檢驗；最後，針對主效應、仲介效應及調節效應，用逐步迴歸分析法進行檢驗，用檢驗結果驗證研究假設。本研究數據分析均採用 SPSS21.0 和 LISREL8.7 軟件。

1.5.2 研究階段和技術路線

本研究分爲兩個階段，分別是理論研究階段與實證研究階段。理論研究階段是收集、整理、學習與提煉國內外文獻資料，在保證文獻資料完備與新穎的基礎上進行全面深入剖析，運用文獻梳理法進行論點的提煉和總結，目的是全面掌握核心文獻資料，形成文獻綜述和概念界定。在文獻的基礎上完成本研究理論模型的建立，通過文獻的整理，對模型的科學性進行初步驗證，並結合企業環境的實際情況對模型進行修正。在假設的推導過程中遵循「大膽假設，小心求證」的原則，逐項認真地推導各個假設，做到合理準確，同時確保模型的科學性。

實證研究階段是深入各大企業，對各大企業員工進行非隨機抽樣調查和典型抽樣調查，並根據已有的資料設計調查問卷。對員工進行深入訪談，根據訪談結果擬定正式調查問卷，爲後續的研究奠定基礎。最後按照區域分佈，按照企業特點與不同企業的影響力，實際發放調查問卷，並收回調查問卷。根據回收的調查問卷，完成問卷的數據處理以及結果分析，具體包括調查問卷的信效度檢驗、假設檢驗和結果討論。

本研究的技術路線如圖 1-1 所示。

```
┌─────────────────┐
│ 雇主品牌研究、員工留任 │
│ 管理的重要性及急迫性  │
└────────┬────────┘
         ↓
    ┌─────────┐
    │ 提出研究問題 │
    └────┬────┘
    ┌────┴────┐
    ↓         ↓
┌─────────┐ ┌─────────┐
│國內外文獻 │ │相關理論研究│
│回顧與梳理 │←→│與分析    │
└────┬────┘ └────┬────┘
     └─────┬─────┘
           ↓
     ┌──────────┐
     │ 確定研究範圍 │
     │ 確定研究的概念│
     │研究方法的選擇與評價│
     └─────┬────┘
           ↓
     ┌──────────────────┐
     │數據分析以及變量描述性統計分析│
     └─────┬────────┬───┘
           ↓        ↓
┌─────────────┐ ┌─────────────┐
│基于雇主品牌與員工│ │基于基本心理需求與員│
│留任以及破壞性領導│←→│工留任以及工作—家庭│
│的關係研究與模型分析│ │支持關係研究與模型分析│
└──────┬──────┘ └──────┬──────┘
       └───────┬───────┘
               ↓
       ┌──────────────┐
       │ 相關結論及政策建議 │
       └──────────────┘
```

圖 1-1　本研究的技術路線圖

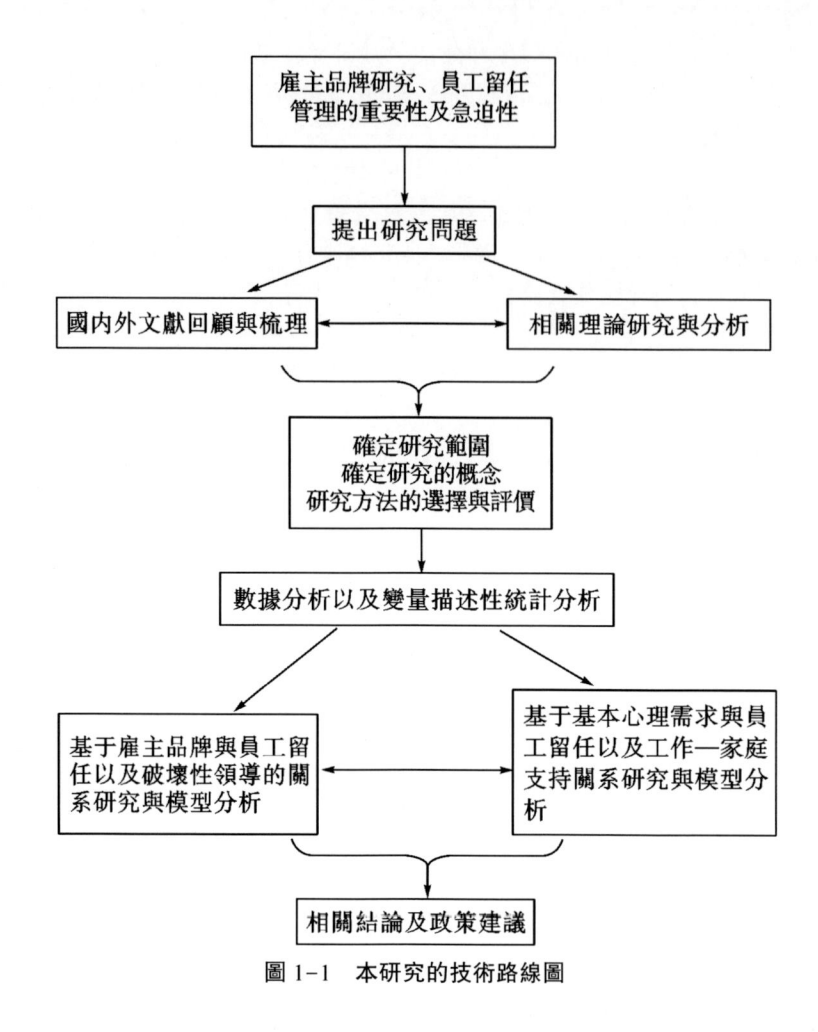

1.6　本研究的篇章結構

　　根據以上的研究內容、研究方法及技術路線，本研究各章的內容安排如下：

　　第一章爲導論。這一章闡述了本書的研究背景（理論背景與現實背景），提出並分析了研究的問題，同時對研究的理論及現實意義、研究的主要內容、研究方法及技術路線、研究的篇章結構及研究創新分別做了總括性的闡述。

　　第二章是理論基礎與文獻綜述。這一章主要分爲七部分：理論基礎，雇主品牌、員工留任、基本心理需求、破壞性領導、工作—家庭支持各構念的相關

研究述評，文獻綜述小結，爲下一章理論模型的構建和假設推導奠定基礎。

第三章是研究設計。這一章主要分爲三部分：概念模型和研究變量，研究假設的提出以及本章小結。本研究在自我決定理論的基礎上，分析了相關概念之間的相互影響，然後著手本研究理論模型的構建。本研究就各構念之間的邏輯關係，從現有的研究綜述和相關的理論出發，提出了雇主品牌與員工留任之間的關係假設、雇主品牌與基本心理需求之間的關係假設、基本心理需求與員工留任之間的關係假設等。其中，所做的假設推導包括主效應、仲介效應和調節效應。

第四章是研究方法與數據分析。這一章主要分爲六部分：深度訪談法、預調研、小樣本數據分析、共同方法偏差的檢驗、大樣本的數據收集與處理以及本章小結。本研究通過實證分析檢驗理論推導所構建的模型在現實中是否也成立。本研究首先進行深度訪談，選擇符合研究要求的員工進行一對一的交流，並收集信息，以此進一步確定各構念之間邏輯關係的合理性，並結合實際情況，對問卷的題項進行修正；然後，發放小樣本問卷，對回收數據進行預調研處理，根據調查對象的反饋和數據處理結果對問卷的表述加以修正，形成正式問卷；最後，在預調研的基礎上，進行大樣本抽樣，回收問卷並對正式量表進行信效度檢驗以及驗證性因子分析。

第五章是數據分析與假設檢驗。這一章主要分爲五部分：描述統計分析，人口統計特徵的方差分析，主效應、仲介效應檢驗，調節效應假設檢驗，以及研究假設的檢驗結果匯總。本章還在數據處理基礎上，驗證研究假設，解讀分析結果。

第六章是結論與展望。這一章主要分爲三部分：研究結論與討論，研究結論對管理實踐的啟示以及研究局限與展望。本章依據實證研究的數據結果，對研究內容進行總結和討論，並依此得出相應的管理實踐啟示，深入剖析研究的不足並進行相應的展望。

1.7　研究創新

本研究有以下三個創新點：

（1）構建了雇主品牌對員工留任的影響機理模型，爲研究員工留任提供了全新的視角。在以往國內外研究者對員工留任的研究中，學者們主要是從組織的角度出發，將重點放在了組織爲爭取員工留任的各種努力上，而忽視了實際做出留任行爲的主體——員工。事實上，員工作爲自我決定的主體，在主觀評價組織爲爭取其留任所付出的努力後，綜合考慮自己的基本心理需求是否得到滿足，才最終做出是否留任的選擇（Carver, Scheier, 1999）。可見，員工對

基本心理需求滿足的主觀感知才是影響其留任行為的核心，基於組織層面的雇主努力僅僅是一個環境刺激。本研究基於自我決定理論，從員工對基本心理需求滿足的主觀感知視角出發，探索並驗證了雇主品牌與員工留任之間的關係，進一步豐富了員工留任的相關研究。

（2）從自我決定理論出發，引入基本心理需求作為仲介變量，打開雇主品牌與員工留任作用機制的「黑箱」。現有文獻研究主要將視角聚焦在雇主品牌對員工留任的因果關係上，對於雇主品牌如何影響員工留任的仲介機制的研究依然匱乏，雇主品牌以怎樣的路徑影響員工留任仍然是「黑箱」狀態。本研究借鑑人力資源管理和心理學的相關理論、雇主品牌與行銷學中顧客重複購買的研究成果，實證檢驗了企業員工基本心理需求在雇主品牌對員工留任影響機制中的仲介作用，借此對雇主品牌建設以及企業管理實踐提供建設性參考意見。本研究結合員工自身多樣化的心理需求、高自主性、高風險偏好和創新性的特點，引入自我決定理論，以自主需求、勝任需求和關係需求基本心理三個需求分維度作為仲介變量，研究雇主品牌對員工留任的影響機制，找到了打開雇主品牌與員工留任作用機制「黑箱」的一把鑰匙，為後續研究提供了參考與借鑑。

（3）「陰陽式」地驗證了破壞性領導風格和工作—家庭支持的調節作用。本研究開拓性地分別選取了領導風格的陰暗面代表——破壞性領導風格以及正向積極的工作—家庭支持作為兩個調節變量，形成「陰陽式」的研究視角，共同調節整個模型。一方面，早期關於領導風格的研究主要集中在積極面的領導風格上，比如公僕型領導、誠信領導、魅力型領導等領導風格，較少研究選取陰暗面的領導風格，如破壞性領導、辱虐領導等。本研究探究破壞性領導風格是否調節了雇主品牌對企業員工基本心理需求滿足的影響作用，採用逆向思維的方式，反向地從實證分析結果中向組織提煉出關於領導風格的負面清單並提出科學合理建議，進而幫助企業有效地留住核心員工。另一方面，工作—家庭支持屬於工作家庭關係中的一種，表現為工作—家庭關係之間的積極作用。本研究探討工作—家庭支持是否調節了員工基本心理需求對員工留任的影響作用，從積極正面的思維角度，正向地從分析結果中提出如何實現工作—家庭支持的建議，進而讓企業有效地留住核心員工。

2 理論基礎與文獻綜述

本章圍繞研究中涉及的主要構念進行文獻梳理，並對主要的基礎理論進行回顧。本章在文獻中找到各構念的主要涵義、測量方法和前後的影響變量，試圖找出兩兩之間存在的關係，挖掘各構念間一脈相承的聯繫，並為本研究的概念模型建立、假設提出和測量工具等方面提供有意義的參考。

2.1 自我決定理論

自我決定理論（Self-determination Theory，簡稱 SDT）在 40 年前由 Deci 和 Ryan 提出並完善，該理論具有深厚的哲學基礎、豐富的思想內容和完善的理論構架，為世人所熟知。有些學者認為它是研究人類行為動機的理論，也有學者認為它屬於社會學習理論的範疇。

近些年，隨著自我決定理論在國內外的發展和完善，該理論被廣泛應用於教育、心理、體育、科研等領域，對研究個體行為的激勵與改變具有重要的指導價值。比如將自我決定理論應用於員工動機對員工發展的影響，提出創設良好的外部環境，滿足員工三種基本心理需要，促進自身專業發展意識的覺醒，進行動機的自我調節的建議（林高標，林燕真，2013）。

自我決定理論已經成為環境對個體行為產生影響的因果理論框架。

首先，該理論假設有機生物體有一個先天、普遍的生理傾向的基本心理需求（Ryan，1995）。更具體地說，自我決定理論假設個體能夠自我決定，但是經驗表明，在具體的工作內容中，個體的自我決定往往與環境中角色要求相衝突（Gagne，Deci，2005）。自我決定理論表明個人是活躍的生物，將嘗試整合自己在更大的社會環境中所需的行為與現有的自我。因此，在自我決定理論中，自主動機指的是外在動機程度已經成功地內化。

其次，自我決定理論滿足基本心理需求的程度取決於環境和自我的決定，一方面，個體行為受到基本心理需求滿足與自我決定的程度的影響；另一方面，環境對個體的基本心理需求滿足起到重要作用（Hannes Leroy，Frederik Anseel，William，Luc Sels，2012）。自我決定理論表明員工和領導都不能在員

工基本心理滿足中占主要地位，而是兩者共同的交互作用促進員工的基本心理滿足（Deci, Ryan, 2000）。

最後，自我決定理論與積極心理學（e. g. Ryan, Deci, 2001）和積極的組織行爲學（e. g. Luthans, Youssef, 2007）緊密聯繫。Greguras 和 Diefendorff（2009）發現員工能夠與工作環境保持高度一致就能夠獲得更高程度的基本心理需求滿足。

2.2 雇主品牌相關研究述評

2.2.1 雇主品牌的涵義

品牌通常分爲三種：企業品牌、戰略單元品牌和產品/服務品牌（Bierwirth, 2003; Keller, 1998; Strebinger, 2008）。雇主品牌受企業品牌的支撐，成爲穩定的品牌存在（Burmann, et al., 2008; Petkovic, 2008）。學術研究中普遍認爲，雇主品牌是企業品牌的一部分（Ewing et al., 2002; Kirchgeorg, Günther, 2006; Petkovic, 2008; Sponheuer, 2009）。

Riel（2001）將企業品牌定義爲：企業爲了創建和保持一個良好的企業聲譽而系統籌劃和實施的一種策略。Sponheuer（2009）構建了一個綜合的理論框架，將雇主品牌和顧客品牌歸入企業品牌理論體系下。這種理論體系的目的在於綜合調節雇主品牌的兩個矛盾面：一方面，雇主品牌的建設維護是爲了滿足潛在勞動力市場的需求；另一方面，雇主品牌又需要統一整體的企業品牌和局部的顧客品牌相一致，才能做到維持其品牌形象穩定的目的（Sponheuer, 2009）。

雇主品牌在研究和管理領域依然是一個比較新穎的話題，近幾年學術界對雇主品牌的研究在不斷增多，但在基本定義以及結構性研究方面的成果並不是特別理想（Backhaus, Tikoo, 2004; Edwards, 2010; Sutherland et al., 2002; Sponheuer, 2009）。關於雇主品牌定義的研究十分多元化，各學者從不同的視角如組織認同、企業聲譽、組織形象、企業文化和企業品牌推廣等各方面開展研究，呈現出「百家爭鳴，百花齊放」的現象（Balmer, Greyser, 2003, 2006）。

Tim Ambler 和 Simon Barrow 在 1996 年的研究中首次提及「雇主品牌」這一概念，通過對來自 27 個公司的調查者進行關於品牌對人力資源管理的影響的深度訪談，他們將其定義爲一個功能的、經濟的和心理的利益的集合，這個集合產生於雇傭關係中，並且體現了雇主的「差異化」。自此之後，各位學者

開始進行對僱主品牌的進一步研究①。

　　基於品牌理論視角，一些學者將僱主品牌認定爲通過工作場所建立的企業形象，使得企業區別於其他企業，成爲最優工作場所（Ewing, Pitt, De Bussy, Berthon, 2002；Berthon Ewing, Hah, 2005）。Martin（2010）提出不同企業之間的差異性的僱傭體驗是通過僱主品牌來表達和傳遞的，僱主品牌不應該只是運用於招聘的工具或廣告②。企業品牌研究公司 Versant（2011）認爲僱主品牌的基礎是員工在組織中的感受，即僱傭體驗。當員工需求與僱傭體驗之間相匹配時，員工更傾向於留在當前的企業，而不是離職，並且工作積極性也會有所提高。Will Rush（2001）表示僱主品牌是企業在現有和潛在僱傭心中所樹立的形象，既能使現有員工對企業產生滿意感，又能吸引潛在員工③。

　　基於僱傭承諾視角，許多的學者認爲在組織或企業中僱傭價值的承諾是通過僱主品牌的理念向著組織當前的所有員工以及潛在員工來表達和傳遞的。僱主品牌是一種承諾，應當與企業品牌相匹配，而對於現有員工的去留，主要決定因素是組織能否滿足現有員工的需求期望，若現有員工的需求期望能夠得到滿足，則更傾向於留在組織中（Dave Lefkou, 2001；Rogers et al., 2003；Ann Zuo, 2005；Hewitt, 2005）。Leigh Branham（2000）認爲企業高管應通過各種途徑對僱員做出承諾，努力營造出信任、和諧的人文環境，將企業的目標與人力資源管理和戰略密切聯繫，並不斷建設經營僱主品牌，使企業成爲僱員心中的最佳僱主。

　　基於企業戰略視角，Sullivan（2004）從戰略角度將僱主品牌定義爲「一項有針對性的、長期的用於管理僱員、潛在僱員和特定企業利益相關者的戰略」。Edwards（2011）指出僱主品牌是僱主形象的象徵，它體現在企業對員工激勵、員工留任和吸引潛在員工一系列的政策、行爲和價值體系中。Tanya Bondarouk 等（2014）將僱主品牌定義爲公司長期導向的戰略，目的是建設一個獨特和理想的僱主身分並管理潛在的和當前的員工的看法，以獲得競爭優勢。僱主品牌是人力資源管理中的藍海戰略，需注意與企業文化的匹配（朱勇國，丁雪峰，2010）。

　　僱主品牌相關定義匯總如表 2-1 所示。

---

① AMBLER T, BARROW S. The employer brand [J]. Journal of Brand Management, 1996 (4): 185-206.

② MARTIN R EDWARD. An integrative review of employer branding and OB theory [J]. Personnel Review, 2010, 39 (1): 5-23.

③ WILL RUSH. What Your Employer Brand Can Do For You [J]. Dynamic Business Magazine, 2001 (5).

表 2-1　　　　　　　　　雇主品牌的概念匯總

視角	立足點	定義內容	提出者
品牌理論	組織外部—潛在員工	在潛在勞動力市場上建立有關本企業是最佳工作場所的企業形象，使得企業區別於其他企業，成爲最優工作場所	Ewing, Pitt, De Bussy, Berthon（2002）；Berthon Ewing, Hah（2005）
	組織內部—在職員工	雇主品牌是雇員關於企業獨特雇傭體驗的表達，而不僅僅是招聘工具	Martin（2010）
		雇主品牌是基於員工在組織中的感受，即雇傭體驗。員工心理需求與雇傭體驗之間的匹配有助於激勵員工並促進員工留任	企業品牌研究公司 Versant（2011）
	內外部的有機結合	雇主品牌是企業在現有員工和潛在雇傭者心中所樹立的形象，既能使現有員工對企業產生滿意感，又能吸引潛在員工	Will Rush（2001）
雇傭承諾	組織內部—在職員工	企業管理者應通過各種途徑對雇員做出承諾，努力營造出信任、和諧的人文環境，將企業的目標與人力資源管理和戰略密切聯繫，並不斷建設經營雇主品牌，使企業成爲雇員心中的最佳雇主	Leigh Branham（2000）
	內外部的有機結合	雇主品牌是一種承諾，應與企業品牌相匹配，對於潛在員工，這種承諾及雇主傳遞該承諾的能力決定了雇主在員工心中的地位並最終影響員工的抉擇；對於現有員工，雇主品牌與期望的匹配度將決定其去留	Dave Lefkou（2001）；Rogers et al.（2003）；Ann Zuo（2005）；Hewitt（2005）

表2-1(續)

視角	立足點	定義內容	提出者
企業戰略	內外部的有機結合	從戰略角度將雇主品牌定義為「一項有針對性的、長期的用於管理雇員、潛在雇員和特定企業利益相關者的戰略」	Sullivan（2004）
		將雇主品牌作為雇主的形象標誌，這一標誌具體表現為與企業為留住現有員工和激勵潛在員工的相關激勵體系及其他行為體系	Edwards（2011）
		雇主品牌為公司長期導向的戰略，目的是建設一個獨特和理想的雇主身分並管理潛在的和當前的員工的看法，以獲得競爭優勢	Tanya Bondarouk, Huub Ruël, Elena Axinia Roxana Arama（2014）
		雇主品牌是人力資源管理中的藍海戰略，雇主品牌戰略實施要注意與企業文化相匹配	朱勇國，丁雪峰（2010）

由此可見，雇主品牌站在一個全新的視角闡述了雇主與員工、雇主與潛在員工之間的關係。雇主品牌理論把企業員工視作顧客，通過在企業員工心中樹立良好的雇主形象，來達到吸引、激勵和保留核心員工的作用，從而增加企業的競爭力（Will Rush, 2001）。而雇主品牌是從市場行銷領域走到人力資源領域的，概念脫胎於行銷領域的產品品牌，在早期行銷文獻中，Gardner 和 Levy（1955）便把品牌形象分為功能性和象徵性特徵。研究結果表明當消費者感知到公司品牌的時候，會相應地賦予其品牌象徵性的意義，而不僅僅只感知到其功能性的特徵。

綜上所述，本研究將雇主品牌定義為：雇主品牌通過在企業員工心中樹立良好的雇主形象（含象徵性特徵和功能性特徵），來達到吸引、激勵和保留核心員工的作用，從而增加企業的競爭力。

2.2.2 雇主品牌的測量

在對雇主品牌的測量研究中，學者們更多的注意是放在功能性方面的維度，而對象徵性方面維度研究較少。

功能性是指客觀存在的特徵，以及與產品本身相關的材料。卡茨（1960）把品牌形象的功能特徵和人們的需求效用聯繫在一起。在雇主品牌領域，功能性利益常常描述客觀條件上組織所提供的雇傭價值，如報酬、福利、假期津貼、工作環境等。

象徵性指的是產品使用價值以外主觀描述的、無形的特徵，一般通過意象來表現（Keller，1998）。具體表現在個體爲了維持自我一致性，會與品牌的象徵性特徵產生相互影響和聯繫，消費者爲了表達和提升自我形象，通過購買具有某種象徵特徵的品牌試圖把個人特質與品牌聯繫在一起（Katz，1960；Sirgy，1982；Shavitt，1990；Aaker，1997，1999）。雇主品牌象徵性特徵可能包括一些組織屬性，類似創新或聲望，即潛在申請人覺得有趣或有吸引力的特性（Elliott，Wattanasuwan，1998）。員工通過建立對組織的信譽認知，從而獲得自己如果在該組織任職，可能產生的自我認知和社會認可。

　　象徵性特徵可以認爲是品牌的性格特徵。人們是從模糊到清晰逐漸認識雇主品牌象徵性維度的，隨著研究的發展人們對雇主品牌象徵性維度的認識也將越來越深刻。當人們對企業的創新因素、保守因素或者社會影響力產生認同時，這些特性會轉化爲雇主對員工的吸引力（Slaughter et al.，2004）。Aaker（1997）把人類性格特質與品牌關係進行對比，把品牌的象徵性意義分別從五個方面進行劃分：真誠、激情、能力、老練和粗獷。

　　Lievens 和 Highhouse（2003）通過研究 275 個應屆畢業生（潛在員工）和 174 個銀行職員（現有員工）樣本，將雇主品牌分爲功能性、象徵性特徵兩個維度，並認爲品牌之間的功能差異有限時，象徵職能顯得更重要。Lievens 在此後對雇主品牌的研究中，以象徵性和功能性兩個維度進行多項研究和調查。他與 Hoye 和 Anseel（2007）在比利時軍隊進行抽樣，使用了 955 個人（429 個潛在申請參軍者、392 個實際申請參軍者和 134 個軍人）的樣本，通過對參與者的分類——潛在申請參軍者、實際申請參軍者和（任期不足三年的）軍人，測試了功能性和象徵性雇主品牌特徵的相對重要性，並將雇主品牌概念化爲工具性和象徵性的結合體。同時他認爲在預測組織認同時，員工會更加重視雇主的象徵性維度。2013 年他又與 Greet Van Hoye, Turker Bas, Saartje Cromheecke 在這兩個維度下調查了在非西方集體文化下的雇主形象與其吸引力。

　　除了象徵性和功能性兩個基礎性維度的研究外，各位學者還對此進行了更多細分。

　　Lopus 和 Murry（2001）通過對企業現有員工的深入和長期研究，總結出了最佳雇主的標準。Hah 和 Collins（2002）通過對 1955 位工科學生的研究，提出雇主品牌資產價值的三個維度，即品牌知名度、品牌聯想和感知質量。Sutherland，Torricelli 和 Karg（2002）在對 274 名腦力勞動者關於最佳雇主的定量研究時，通過排序衡量標準，發現排在前五位的是：工作挑戰性、培訓機會與未來發展、績效與薪酬、良好的創新環境、崗位輪換和工作差異化。Agrawal 和 Swaroop（2009）對雇主品牌形象進行研究，通過問卷數據進行分析，發現義務與權利、薪酬與工作地、培訓與晉升機會、人文因素這幾個方面對潛在員工在選擇雇主時具有較強的影響作用，並且提出雇主品牌對潛在雇員

的求職意向能產生重要的影響。Anne-Mette 和 Sivertzen 等（2013）基於潛在員工的視角認爲創新價值、心理價值、應用價值、社交媒體的使用與企業聲譽五個維度構成了雇主吸引力。Marino 和 Bonaiuto 等（2013）通過對潛在的員工市場的調研，總結出了最理想的雇主品牌屬性前五項是：未來的雇主的創新能力、社會責任、開放性、重視能力和知識程度以及雇主爲雇員提供職業道路的多樣性。

朱勇國和丁雪峰等（2005）以企業現有員工爲研究對象將雇主品牌分爲企業實力、工作本身、管理風格、員工關係、薪酬制度、完善的福利制度、個人發展七個維度。楊茜（2006）在對雇主品牌進行研究時，在功能性、象徵性維度的基礎上還增加了一個體驗性維度。殷志平（2007）通過實證研究，發現初次求職者和再次求職者在對待雇主吸引力上的認識有所不同，初次求職者更看重雇主吸引力中的環境、名譽、發展維度，而對於再次求職者來說，看重的雇主吸引力維度是社會、名譽和環境，因此企業應該對初次求職者和再次求職者採取有針對性的措施[1]。

本書採用 Berthon，Ewing 和 Hah（2005）的雇主吸引力（EmpAt）量表來對雇主品牌進行測量，該量表經過多層迴歸分析和篩選從前人 32 個指標中最後留下 25 個指標構成了最終的 EmpAt 量表。Berthon，Ewing 和 Hah（2005）基於潛在雇員的視角，提出了影響雇主吸引力的五因素，其中五因素包括興趣價值、團隊價值、經濟價值、發展價值和應用價值[2]。這五個因素既包含在雇主品牌功能性特徵中，也包含在雇主品牌象徵性特徵中。

2.2.3 雇主品牌的主要理論

1. 組織認同理論

雇主品牌研究的基本理念是組織雇主品牌在某些方面呈現區別於其他組織的特質，使潛在的和現有的員工受到吸引。這種吸引力應當是親和的，使得企業內部員工，將自己與組織相連接，產生歸屬感。

組織認同的研究起源於社會心理學的社會認定和文化認定，是組織行爲學領域的重要研究課題。對組織認同定義的研究很多，Riketta（2005）梳理前人文獻，將其定義分爲三類：

從認知角度出發，組織認同被定義爲個體產生「合一的歸屬於該組織的看法」的認知過程，使個人與組織在價值觀上達成了一致（Ashforth，Mael，

---

[1] 殷志平. 雇主品牌研究綜述 [J]. 外國經濟與管理，2007，29（10）：10.
[2] PIERRE BERTHON, MICHAEL EWING, LI LIAN HAH. Captivating company: dimensions of attractiveness in employer branding [J]. International Journal of Advertising-The Quarterly Review of Marketing Communications, 2005, 24（2）: 151-172.

1989)。

从情感角度出发，组织认同被定义为成员受到组织吸引并不断产生预期，进而保持在情感上的某种自我定义（O'Reilly，1986）。

从社会学角度出发，组织认同被定义为个体在成为组织成员之后，在拥有这一身分基础上，产生价值观上的一致和情感上的归属（H. Tajfel，1972）。①

雇主品牌推广的主要目标之一就是鼓励现有员工认同组织（Edwards，2005；Martin，2008）。组织认同能够通过赋予员工价值来激励成员并帮助引导员工的行为（Ashforth，Mael，1996），员工对组织的认同程度和员工忠诚于组织的程度与员工在工作中的积极表现相互影响且正相关（Mael，Ashforth，1992）。这便促使组织积极建设自己的雇主品牌以获得潜在或现有员工更高程度的认同。

2. 组织忠诚理论

组织忠诚来源于社会学的承诺概念。学者对于组织忠诚的界定持不同观点，组织忠诚强调接受组织价值观并表现出为组织效力的行为。

Becker（1960）以单边投入理论解释组织忠诚的形成过程，Becker认为具体个体一致性行为的产生，是组织忠诚度发挥了重要的作用，组织忠诚度从一个隐性的角度解释了个体产生的一致性行为。Meyer等（1988）提出了组织忠诚的三个因素模型，认为在个体设有一个或多个目标的一系列行动中，组织忠诚对这些行动的产生起到了驱动的作用。

组织认同与组织忠诚的概念类似，甚至有许多学者将二者等同起来。魏钧等人（2007）指出了二者的区别，在成员离开组织之后，组织认同仍然可以起作用，其研究的侧重点在于揭示成员由「我」到「我们」的同化过程，而组织忠诚研究的侧重点在于解释员工持续为组织效力的卓越表现。

组织忠诚的形成是一个过程，而该过程的具体表现是现在学界研究的热点之一。一般情况下，学者们将组织忠诚的形成过程分为了五阶段或三阶段。Brickman等（1987）认为，按个体与外部环境的交互作用的不同特点，可以将组织忠诚的形成过程分为探索、试验、激情、平静和厌烦及整合五个发展阶段。韩翼和廖建桥（2005）认为组织忠诚的形成与员工职业周期有关，若员工在一个组织中完成其职业生涯的发展，那么组织忠诚过程可分为震盪期、认同期、稳定期、反刍期和固化期五个阶段。Mowday（1982）等认为，组织忠诚的形成过程可分为期望、起始和固化三个阶段，员工周期性的自我强化，会随着工作时间的增长和工作内容的变化，逐渐增强员工个体对组织的承诺。

---

① 魏钧，陈中原，张勉. 组织认同的基础理论、测量及相关变量 [J]. 心理科学进展，2007，15（6）：948-955.

3. 組織支持

員工與組織之間的關係應該是相互的，組織善待員工，員工回報組織更高程度努力以實現組織目標，二者應是互惠的。Eisenberger 等（1986）認爲當時學界單向研究「員工對組織的承諾」存在缺陷，忽略了「組織對員工的承諾」這一方向，提出了組織支持理論。理論的提出者認爲當組織能夠對員工表示出關心和重視時，組織中的員工會對這種關心和重視形成自己的觀點，這種觀點或看法就是組織支持感。良好的組織支持感能夠促進組織自身的效益，減少員工磨洋工或曠工的行爲，從而提升組織自身的效益。Eisenberger 等人發現雖然組織和員工的關係是互惠的，但這種關係由組織開始，先有組織對員工的承諾，才會有員工對組織的承諾。組織支持理論和其核心的組織支持感概念的提出，受到了學界的廣泛關注。

一般來說，組織支持被定義爲組織與個人的交換內容，包括所有情感的和物質資源。組織支持越高，員工越傾向使用負責任的工作來回報企業；組織支持減少，組織的工作人員的責任感就會降低（劉小平，王重鳴，2001）。

2.2.4 評析

關於雇主品牌的研究，在理論和實業界依然是一個比較新穎的話題。近幾年來學者們對雇主品牌的研究在不斷增多，但在基本定義以及結構性研究方面的成果並不是特別理想。關於雇主品牌定義的研究十分多元化，各學者從不同的視角如組織認同、企業聲譽、組織形象、企業文化和企業品牌推廣等各方面開展研究，呈現出「百家爭鳴，百花齊放」的現象。通過綜合各學者的定義，本研究將雇主品牌定義爲：雇主品牌通過在企業員工心中樹立良好的雇主形象（含象徵性特徵和功能性特徵），來達到吸引、激勵和保留核心員工的作用，從而增加企業的競爭力。

通過文獻梳理可以發現，學者們關於雇主品牌的研究視角經歷了從強調工作場所吸引力到強調企業對員工做出的價值承諾再到強調員工與求職者和雇主之間的關係的轉變。本研究著重探討雇主品牌對企業現有員工行爲的影響，爲了更好地探究其作用機制，將雇主品牌選定爲單一維度。同時，通過文獻梳理發現，雇主品牌對員工績效、組織忠誠、員工離職都有顯著影響。

2.3 員工留任相關研究述評

2.3.1 員工留任的涵義及主要概念辨析

所有的組織，不論其規模大小，要健康持續發展都需要解決人的問題，而

這樣的人不僅包括顧客和管理者，還包括雇員。雇員的質量決定了組織的效率和效能，因此雇員的質量尤爲重要，比如同樣的兩個組織擁有同樣學歷素質的雇員，則雇員的在職時間長短決定了組織的競爭力，學術研究中將雇員在職時間問題稱爲員工留任問題。隨著近些年企業競爭越來越激烈，員工留任問題變得愈發緊要。Herman 在 1990 出版的「Keeping Good People」一書中正式提出員工留任問題，近幾年，學者們也開始重視對員工留任的研究。Frank 等 (2004) 將員工留任定義爲「雇主爲了滿足業務目標而使員工樂意留下的努力」。Masood (2011) 將 Frank 等人的定義細化，認爲雇主所做的努力是激勵手段，這些激勵手段激勵員工在盡可能長的時間留在組織直到項目完成。然而，員工是實際做出留任行爲的主體，員工是在主觀評價雇主爲爭取其留任所付出的努力後，與其自身基本心理需求相匹配，才做出是否留任的決定。對於員工留任的定義應該從員工自身出發。如學者 Mak 等 (2001) 提出員工留任應該從員工的離職傾向、工作倦怠、組織忠誠三個角度來界定。

一些學者將員工留任問題歸於組織的人力資源政策，認爲員工留任是其重要構成要素。員工留任政策分爲三步，首先引進適合該組織的員工，然後使其融入其中並延長他的在職時間，最後達到讓員工樂於爲組織奉獻的地步 (Freyermuth, 2004; Madiha, et al., 2009)。而一些學者將員工留任影響範圍擴大，Herman (2005) 認爲員工留任是高層管理者所必須要面對的問題，其不僅僅是一個人力資源策略，更是一個管理策略，不是單單的人力資源管理總監就可以進行的決策，直接將問題指向公司首席執行官 (CEO)。同時他還將雇主品牌與員工留任相結合，認爲不管是內部還是外部的雇主品牌都對員工留任產生影響。[①] Dr. Mita Mehtal 等人 (2014) 認爲爲了管理好最有潛力的員工，需要對組織願景、戰略和員工的各種基本心理需求進行持續平衡。

人力資源部門的工作任務是將合適的人在合適的時間與合適的地方給他們安排合適的工作。但實際上，員工留任比員工招聘更爲重要，一個好的員工永遠不會缺少提升的機會，如果他對於現階段的工作不滿意，那他就會跳槽。優秀組織的優秀就在於他們關注自己的員工並知道如何促進員工留任。而員工離職的原因有很多，有個人的也有專業性的原因，員工如果對工作滿意並感到需求被滿足那麼就更願意留下伴隨組織成長 (Sandhya, Kumar, 2011)。

很多研究表明了員工留任的重要性，如工作滿意度、人員週轉率、離職成本、缺勤遲到率和企業信息等 (Sandhya, Kumar, 2011; Dr. Mita Mehtal, et al., 2014)。離職成本對於公司來說可能是成千上萬的，實際上，計算離職成本是很難的，因爲它又包括了招聘成本、培訓成本和生產損失，業界專家通常

---

① ROGER E HERMAN. HR Managers as Employee-Retention Specialists [M]. Employment Relations Today, 2005.

用員工工資的25%作爲對離職成本的保守估計。員工留任同時影響到了組織效率，招聘、培訓等各種與之相關所付出的時間是不可小覷的，員工離職後對於再招聘一個人來替代他，也不一定保證能讓情況和以前一樣。企業信息是員工留任另一重要性的展現，當一個員工離職時，他也會給新雇主帶去原雇主的企業信息、顧客信息、現階段項目信息和以往研究的競爭對手信息。爲了讓員工留下，組織勢必會付出很多時間和金錢，如果員工離職，這樣的付出就會付之一炬。此外，隨著員工離職，相關的客戶資源也會損失，因此爲了保持與顧客的進一步發展，雇員穩定的重要性也是不言而喻的。如果員工突然離職，不僅現有顧客可能會產生不滿，潛在顧客也可能會隨之流失。更讓人心驚的是，離職的出現會帶動更多人離職，一方面，員工的離職會使得組織出現不穩定情況；另一方面，通常留下的人會被要求來收拾殘局。因此，一旦有員工離職，一種無法言說的消極情緒就會蔓延至所有剩下的員工。

2.3.2 員工留任的測量

由於學術界對員工留任的研究還處在起步階段，過去大多數學者把員工留任和員工離職或者離職傾向作爲相對立的兩個方面來研究，所以，目前關於員工留任概念界定還沒有統一下來。目前關於員工留任的測量進行第一次系統明確劃分的是 Mak 等學者（2001），他們提出員工留任可以從離職傾向、工作倦怠和組織忠誠進行衡量和判斷。當員工產生工作倦怠或者組織忠誠度降低的時候，必然不會對組織目標做出應有的貢獻，最終會選擇離開企業。

除了 Mak 發表了對測量員工留任的觀點之外，其他學者對此也發表了不同的見解。Kacmar, Bozeman, Carlson 和 Anthony（1999）採用結構方程模型測量員工留任，把解釋變量設定爲工作焦慮、工作滿意度和離職傾向，結果發現這三個維度能很好地表徵員工留任。Seok-Eun Kim, Jung-Wook Lee 在 2005 年通過對一個使命導向的非營利的人類服務機構的實證分析發現，在這類機構中使命投入是測量員工留任的主成分，應該予以考慮。此前學者 Brown 和 Yoshioka's（2003）也在其研究中提出用使命投入和滿意度來測量非營利組織的員工留任。

Hira Fatima（2011）提出薪酬制度（Bamberger, Meshoulam, 2000; Woodruffe, 1999; Pfeffer, 1998; MacDuffie, 1995）、職業發展機會（Rodriguez, 2008）、工作環境（Benson, 2006; Jamrog, 2004）和上級支持（Madiha, et al., 2009; Ontario, 2004）是影響員工留任的重要維度，並且通過這些維度與組織的能力相聯繫，證明員工留任對組織的發展大有裨益。Iverson 和 Roy（1994）從組織忠誠、身體狀況和工作安全感三個方面來測量員工是否有留任意願，通過研究發現，工作危害越高員工留任意願就越不強烈。Jordan-Evants（1999）指出在測量員工留任的角度中應該加上工作滿意度和工作關係。令人

尊敬的上級和較高的工作滿意度能提高員工的留任意願（Dobbs，2000；Law et al.，2000；Buckingham，Coffman，1999）。Malik 等（2011）對巴基斯坦商業銀行私人部門 177 位雇員進行實證研究，他們從工作滿意度、情感承諾二維度對員工留任進行研究和測量，認爲工作滿意度與情感承諾是員工開發投入作用於離職傾向的完全仲介，企業對員工開發投入越多，從而員工的工作滿意度和情感承諾越高，就能夠有效地降低員工離職傾向，員工就越傾向於留任。隨著自由化辦公的發展，員工認同、彈性工作制和培訓對衡量員工留任應該佔有優先權重（Cunningham，2002）。

當然測量的角度形形色色，因歸咎於各研究人員選擇研究切入點的不同，有學者從組織和個人兩大維度對員工留任的測量進行了更加具體的細分。如 Walker（2001）提出測量員工留任的七個角度——現有工作的薪酬與激勵、有挑戰性的工作、職業發展（Boomer，Authority，2009；Arnold，2005；Herman，2005；Hiltrop，1999）、組織氛圍、同事關係（Zenger，Ulrich，Smallwood，2000）、職業生活和私人生活的平衡、良好的溝通（Gopinathand，Becker，2000）是對測量員工留任因素比較全面的概括。而 Hytter（2007）則用員工因素和組織因素兩個維度對 Walker 的七個維度進行了概括，員工因素包括員工忠誠、組織忠誠以及組織公民行爲①；而組織因素有獎勵制度、領導風格、職業發展機會（Arnold，2005；Herman，2005；Hiltrop，1999）、培訓（Rodriguez，2008；Echols，2007；Gershwin，1996）以及職業生活與私人生活的平衡。

綜上所述，員工留任以往的測量既有組織層面又有員工層面的角度，考慮到本研究的實際情況，本研究從員工的視角來測量雇主品牌對員工留任的影響機制。本書採用 Mak 從離職傾向、組織忠誠和工作倦怠三個維度對員工留任進行界定，該界定包含了已被學術界認可的員工離職傾向、組織忠誠層面，同時也包含了員工工作狀態——工作倦怠衡量概念。

2.3.3　員工留任的前因變量

1. 員工投入

對於影響員工留任的因素，學者提出過不同的理論進行探索。早期研究中 Becker（1960）提出單邊投入理論，該理論認爲產生單邊投入的方式包括員工對組織文化非特殊的要求、不受員工個人感情影響的官僚制度安排、對於社會定位的員工個體調整和與同事面對面的交互作用。從單邊投入理論可以看到，

---

① HYTTER A. Retention strategies in France and Sweden [J]. The Irish Journal of Management, 2007, 28 (1): 59-79.

員工對組織的投入不僅是員工的時間、金錢以及精力，還包括了員工的情感投入。① 同時 Becker 從經濟學的角度出發，認爲隨著員工對組織各種投入的增加，員工的離職成本也在增加，所以員工會選擇繼續留在企業。Allen 和 Meyer 以單邊投入理論爲基礎，認爲員工留任的原因還包括員工所知覺到的離開組織所帶來的損失以及知覺到的可選擇工作機會的減少。② 王莉等根據單邊投入理論，將員工留任原因分爲 7 類，分別是他人的期望、自我實現的需要、經濟回報、已有投入、生活便利、組織認同感、替代的工作機會。③ Seok-Eun Kim 和 Jung-Wook Lee 在 2005 年通過對一個使命導向的非營利的人類服務機構的實證分析發現，員工的使命投入會影響到員工留任。

2. 認同感

Kelman（1958）在關於態度變化的研究中，提出個體的態度變化經歷三個過程，分別是順從、認同和內部化。可以看到，當員工對組織的態度是順從時會爲獲得特定的報酬或者是避免特定的懲罰，選擇留在企業組織；當員工認同組織中的某個人或是與組織中的群體維持關係時也會選擇留在企業；當員工認爲自己的價值觀與組織的某個人或者組織的價值觀相似時同樣會選擇留在企業組織。④ Iverson 和 Roy（1994）認爲態度性承諾（組織忠誠）、身體狀況和工作安全感與員工的留任意願正相關，如果工作危險程度高會減弱員工的留任意願。Mitchell 和 Lee（2001）在其離職模型研究中，以工作嵌入模式爲切入點，工作嵌入是指當員工與組織有許多緊密的社會聯繫時，將通過各種方式嵌入或者陷入組織的社會網路中。

學者們關於工作嵌入的研究一般從聯結、匹配和犧牲三個維度出發。當員工與組織或者組織中的其他成員變爲聯結的工作或者非工作的依賴性關係時，員工與組織聯結的規模越大，員工依賴其組織的程度將越高；當員工感知到與組織和環境相容時，不僅員工的價值觀、職業生涯目標等與組織的主流文化和工作要求等相匹配，員工的家庭等個人因素也與組織的環境相容，當員工選擇離職時則需要變換生活再調適。員工離職時，將會喪失與工作相關的直接損失（比如同事、各種實惠愉快的工作生活）和各種遠期轉換成本要素（原單位彈性工作制給予個人發展需要和照顧家庭的時間好處、組織提供的影響個人生活

---

① BECKER H S. Notes on the Concept of Commitment [J]. American Journal of Sociology, 1960 (66): 32-42.

② ALLEN N J, J P MEYER. The Measurement and Antecedents of Affective, Continuance, and Normative Commitment to the Organization [J]. Journal of Occupational Psychology, 1990 (63): 1-18.

③ 王莉,石金濤,學敏. 員工留職原因與組織忠誠關係的實證研究 [J]. 管理評論, 2007, 19 (1).

④ HERBERT C KELMAN. Changing Attitudes Through International Activities [J]. Journal of Social Issues, 1962, 18 (1): 68-87.

的額外福利）。①

3. 領導風格

Jordan-Evans（1999）在研究員工留任因素時引入領導這一變量，認爲員工的留任意願會受到領導風格和工作滿意度的影響。Buckinghan 和 Coffman（1999）認爲領導對員工的職業發展和工作上的關懷直接影響員工的留職意願，而且能夠提高員工的留職意願。Dobbs（2000）在研究員工留職意願時發現最主要的因素是員工與領導的關係。Stein（2000）的研究結果表示管理人員對員工進行適當的獎勵、授權以及真誠的關懷對員工留任能夠起到關鍵的作用。鄭怡雯（2011）以某食品公司爲例，指出公司能夠通過領導者的領導行爲以及提高員工工作滿意度來留住公司重要人才，其中關懷型領導、引導型領導對員工留任存在顯著正相關關係，內在滿意、外在滿意、一般滿意三者對員工的留任意願存在顯著正相關關係。

4. 組織文化、工作環境等其他因素

研究表明組織成員受到的工作壓力會影響員工留任（Floyd，Lane，2000；Ketchen，et al.，2007；Upson，et al.，2007；Erik Monsen，Wayne Boss，2009）。More（1994）的相關研究表明企業可以通過減輕員工的工作壓力並且重視和關心員工的職業發展，來增強企業中員工留任意願。

Sheridan（1990）在研究員工留任的影響因素時發現組織文化影響員工留任，並且呈現正相關。劉平青（2011）在對內部行銷與創業型企業員工留任意願的關係進行研究時認爲，創業型企業員工更加看重內部行銷中的培訓發展、獎賞制度、內部溝通。這些因素對留任意願有巨大的促進作用，並且有顯著正向關係，其中培訓發展有極顯著的正向影響。②

2.3.4 評析

學術界關於員工與組織之間雇傭關係的研究浩如菸海，其中員工留任問題一直是學者們研究的重點。Herman 在 1990 出版的「Keeping Good People」中正式提出員工留任問題。在眾多關於員工留任的研究中，Frank 等（2004）提出，員工留任是雇主爲了滿足業務目標而使員工樂意留下的努力，這一定義在學界得到普遍認同。然而，本研究認爲員工是實際做出了留任行爲的主體，對於員工留任的決定應該從員工的角度出發。所以，本研究結合 Mak 等（2001）

---

① LEE T W, TERENCE R MITCHELL, CHRIS J SABLYNSKI, et al. The Effects of Job Embeddedness on Organizationalitizenship, Job Performance, Volitional Absence and VoluntaryTurnover [J]. Academy of Management Journal, 2004, 47（5）：711-722.

② 劉平青，李婷婷. 內部行銷對創業型企業員工留任意願的影響研究：組織社會化程度的仲介效應 [J]. 管理工程學報, 2011 (4).

對員工留任的相關研究，將員工定義爲員工在綜合考量雇主爲爭取其留任所付出的努力以及員工自身基本心理需求滿足程度後做出的一種回應。

從文獻梳理中不難發現，員工留任測量維度的研究都十分多元，從組織認同、績效體系、激勵制度、工作倦怠、離職傾向到工作環境等各方面都有學者進行研究。本研究從人力資源本體——員工出發，採用 Mak 的離職傾向、組織忠誠和工作倦怠三維度對員工留任進行界定，該界定包含了已被學術界認可的員工離職傾向、組織忠誠層面，同時也包含了員工工作狀態（工作倦怠）的衡量。

在對員工留任的前因變量總結梳理的過程中我們發現，Becker, Allen 和 Meyer 主要是從成本的角度探討員工留任的影響因素，隨著員工對組織的投入越來越多（投入的逐漸增加構成對員工行爲的約束），員工將繼續留在組織。而 Kelman 認爲隨著時間的推移，員工會逐漸認同組織目標和價值觀，進而產生對組織的情感依附。Mitchell 和 Lee 結合了之前三人的研究結果，認爲員工留在組織是因爲成本、目標以及價值觀匹配等原因的集合。之後 Jordan-Evans, Buckinghan 和 Coffman, Dobbs, Stein 及鄭怡雯在對員工留任的研究中都引入領導風格這一因素，認爲隨著領導風格轉向關心員工，給予員工更多授權時，員工會認爲自己受到重視，對組織更加滿意，覺得在當前組織中會有更大的發展，進而留在組織。而 Sheridan 等人獨闢蹊徑地認爲組織文化潛移默化地使得員工選擇繼續留在組織。最後中國學者劉平青在創業的特殊背景下研究員工的留任意願，發現內部行銷中的培訓發展、獎賞制度、內部溝通對員工的留任意願有促進作用。與以往的研究相比，本研究站在員工角度，同時考慮了雇主與員工兩個方面對於員工留任的影響，這將進一步豐富對於員工留任領域研究的理論，並且爲管理實踐提供智力支持。

2.4 基本心理需求的相關研究述評

2.4.1 基本心理需求的涵義及主要概念辨析

儘管與自我決定理論（Self-determination Theory）相關聯的研究可以追溯至 20 世紀 70 年代，但直到 1985 年 Deci 和 Ryan 在著作「Intrinsic motivation and self-determination in human behavior」[①] 中才第一次明確提出了該理論。該理論基於行爲的不同原因和目標將不同類型的動機進行區分，並詳細闡述了環

---

① DECI E L, RYAN R M. Intrinsic motivation and self-determination in human Behavior [M]. New York: Plenum, 1985.

境作用於個體並對其行為產生影響的機制，對激勵和改變個體行為有十分深刻的指導意義。①

隨後，學術界開始重視該領域，經過多年的研究得到頗豐的成果。Deci 和 Ryan 將該理論不斷完善，並形成五個理論。其中較新的研究成果是基本心理需求理論（Deci, E. L, Ryan, R. M, 2000, 2004）。基本心理需求理論被認為是自我決定理論的核心（張劍，張微，宋亞輝，2011），該理論強調影響個體自我整合活動的環境因素。在隨後的研究中，Deci 和 Ryan 發現，不管是在集體主義文化中，還是在個人主義文化中，自主需求（Autonomy）、勝任需求（Competence）和關係需求（Relatedness）的滿足程度都影響了人的心理健康，這表明了該理論的普遍適應性。② 這種對人的基本心理需求的研究在後來被證明是非常有用的，它為不同的社會力量和人際交往環境如何影響人的自我控制提供了一系列的說明。勝任、自主與關係三大心理需求是人與生俱來的，個體趨向於努力尋找合適的環境使自己的這些需求得到滿足。而其需求的滿足是促進個體人格發展和認知結構完善的重要條件。該理論闡述了環境通過滿足個體基本心理需求來激勵和改變個體行為的作用機制，這為自我決定理論的實證研究提供了邏輯基礎。

自主需求指的是自我抉擇和自己做決定的需求，自我決定理論高度強調自主性需求，認為自主性的支持（Autonomy Support）、鼓勵尊重個體的觀點及選擇的權力，有利於激勵個體自我決策，對產生積極正面的心理效應大有裨益。許多研究也表明了這一點，Vansteenkiste, Simons, Lens, Sheldon 和 Deci（2004）通過對在校大學生的分組研究和對行銷專業學生的系列調查發現，自主支持的環境能幫助學生提高學習成績和增加學習時間；Paker, Jimmieson 和 Amiot（2010）通過對 123 名人壽保險企業的職員在工作負荷、任務控制、工作自我決定等一系列指標的問卷調查中發現，自我決定度高且任務控制感強的職員能體驗到更多的工作投入，自我決定度低且工作負荷感強的職員的健康問題更突出；Sheldon 和 Watson（2011）通過對 141 名自由運動員、83 個體育俱樂部專業運動員和 40 個運動系在校學生的調研發現，教練給予運動員的自主性支持越多，運動員在訓練和運動中的積極體驗越多。

勝任需求指個體樂於挑戰自我，並且在這個過程中得到與自己期望相符合的需要（White, 1959）。自我決定理論中關於勝任需求的描述使用的是 Competence 這一單詞，通過對勝任這一概念的文獻梳理不難發現，在學術界 Competence 和

---

① 張劍，張建兵，李躍，等. 促進工作動機的有效路徑：自我決定理論的觀點 [J]. 心理科學進展，2010（18）：752-759.

② EDWARD L DECI, RICHARD M RYAN. Self-Determination Theory: A Macrotheory of Human Motivation, Development, and Health [J]. Canadian Psychology, 2008, 49（3）：182-185.

Competency 的混用情況十分突出，有必要對 Competence 和 Competency 進行區分。Competence 指勝任的條件或狀態，它描述的是爲了做好工作必須要克服困難去做的事情，是工作對員工的要求。其包括兩方面內容：需要做的事情及其標準。Competency 指的是人們可以做的事情，而不是指做事情時的表現（Micheal, Angela, 1998）。

關係需求是指人們在保障自我安全的情況下與他人保持親密關係的需求，是一種能與他人建立互相尊重和依賴的感覺[1]，這是一種歸屬感的需求。美國心理學家 Clayton Alderfer 在 1969 年基於馬斯洛需求層次理論提出了 ERG 理論，該理論認爲人的基本需求包括生存需求、關係需求以及成長需求。其中，關係需求被定義爲人們想要維持重要的人際關係的渴望。[2]

人心理健康的必要條件是基本心理需求得到滿足[3]，Baar, Deci 和 Ryan 通過調查兩個銀行員工的自我決定因果關係以及上級的自主性支持的認知如何影響員工內在支持感的滿足程度，發現可以從三種基本心理需求的滿足程度來預測個體的績效和心理健康水平[4]。Miserandino 對小學三四年級的孩子進行斯坦福成就測試的研究表明，相比於獨立與認爲自己有能力的小學生來說，感知能力缺少和自主感缺失的小學生有更多的消極情緒和退縮行爲[5]。

2.4.2 基本心理需求的測量

在對基本心理需求測量的研究中，學者們主要存在兩大類分歧。其一是動機傾向維度，其二是以自我決定理論爲核心的基本心理需求理論。當然，除此之外，其他相關學者也進行了更多的細分，本書將對此進行相關綜述。

第一種衡量人類基本心理需求採用了動機傾向方法，典型代表學者是 McClelland。這種觀點認爲人的需求或者更精確地說內隱動機，主要包括三種需求，即成就感（McClelland, et al., 1953）、歸屬感（McAdams, Bryant, 1987）、權力欲（McClelland, 1985; Winter, 1973）。三種需求因人而異，所以其研究

---

[1] DECI E L, RYAN R M. The「what」and「why」of goal pursuits: human needs and the self-determination of behavior [J]. Psychological Inpuiry, 2000 (11): 227-268.

[2] ALDERFER, CLAYTON P. An Empirical Test of a New Theory of Human Needs [J]. Organizational Behaviour and Human Performance, 1969, 4 (2): 142-175.

[3] RYAN R M, DECI E L. Self-determination theory and the facilitation of intrinsic motivation, social development and well-being [J]. American Psychologist, 2000, 55 (1): 68-78.

[4] BAARD P P, DECI E L, RYAN R M. Intrinsic need satisfaction: A motivational basis of performance and well-being in two work settings [J]. Journal of Applied Social Psychology, 2004, 34 (10): 2045-2068.

[5] MISERANDINOM. Children who do well in school: Individual difference in perceived competence and autonomy in above-average children [J]. Journal of Educational Psychology, 1996, 88 (2): 203-214.

重點主要放在測量個體不同需求的差異並利用需求差異預測個體行為上，通常使用的測量工具為鏡像方法，如主題統覺測量（Thematic Apperception Test，簡稱 TAT）等（McClelland, 1985; Sheldon, Elliot, Kim, Kasser, 2001）。

第二種衡量人類基本心理需求的方法來自基本心理需求理論，這是自我決定理論的最新發展（Deci et al., 2000, 2004）。Deci 和 Ryan（2000）對集體主義、傳統價值觀、個人主義、平均主義等多種不同文化背景的國家進行了多年研究，發現勝任、自主、關係三種需求對基本心理需求測量具有很大的代表性，三種基本心理需求是人與生俱來的，個體趨向於努力尋找合適的環境使自己的這些需求得到滿足（Chirkov, Ryan, Kim, Kaplan, 2003）。但三種需求對個人起作用的程度依不同的文化背景而有所差異（Oyserman, Kemmelmeier, Coon, 2002）。此外，Deci 和 Ryan（2000）通過不同側面，從目標導向的內容和過程這兩個基礎性維度對三個基本心理需求理論進行了總結。

關於自主需求的概念學者們未有統一的定義，一部分學者認為其指的是行為主體選擇並感覺自己的行動像個首創者（Angyal, 1965; Charms, 1968; Deci, 1980; Ryan, Connell, 1989; Sheldon, Elliot, 1999）；還有一部分學者認為自主就是自控概念的另一種解釋（Carver, Scheier, 1999）。Morgeson 和 Humphrey 在 2006 年的研究中發現自主需求和組織心理學的決定權或者自由支配權等不等同。Carver 和 Scheier 認為從自我決定理論視角來看，自主是個體會按照自己的預期取或者避免自己所熟悉的情境。勝任需求指個體樂於挑戰自我，並且在這個過程中得到與自己期望相符合的需要（White, 1959; Deci, Ryan, 1980），與能力倦怠相對應（Deci, Ryan, 2000）。關係需要指的是行為主體傾向於建立一種與別人相互尊重和依賴的感覺（Bowlby, 1958; Harlow, 1958; Ryan, 1993; Baumeister, Leary, 1995; Deci, et al., 2000），這與組織心理學中的社會支持（Viswesvaran, Sanchez, Fisher, 1999）和工作孤獨感（Wright, Burt, Strongman, 2006）相對應。基本心理需求是聯繫外部環境和個體動作行為的關鍵。當環境與個體三種基本心理需求相匹配時，會促進外在動機轉換為內在動機以及內在動機轉換為外在行為，進一步提高員工的工作滿意度和績效水平（Baard, et al., 2004; Deci, et al., 2001; Gagne, et al., 2000; illardi, Leone, Kasser, Ryan, 1993; Kasser, Davey, Ryan, 1992）。

基本心理需求理論也被很多實例予以佐證。研究表明，自主支持與員工的信任和忠誠是相關的（Pajak, Glickman, 1989）。當員工感受到領導給予他們自主支持的時候，他們的工作滿意度會得到提高，從而減少曠工率，身體和心理會更健康（Blais, Brière, Lachance, Riddle, Vallerand, 1993）。Deci（2001）使用問卷收集了員工的績效信息，採用 HLM 分析方法，得出自主支持能有效地預期員工的三種基本心理需求這一結論。

除了用自主、勝任、關係三個維度來衡量人的基本心理需求之外，其他學

者也發表了不同的見解。Marylène Gagné、Leone、Julian Usunov、Kornazheva 以及 Deci（2001）通過對來自保加利亞 10 家遍布電信、金融、石油、天然氣、機械工業等企業的 548 名保加利亞人進行調查，在修正了以往 Deci 等人的研究的基礎上，認爲自主、勝任、關係需求在不同文化中的作用方式存在差異性，而且他們認爲也可用員工的任務參與、焦慮、自尊三個維度來逆向反應員工基本心理需求的三個特徵。而 Madrilène Gagne（2005）通過結合組織行爲和工作動機，把勝任需求和自主需求歸爲内在動機，把關係需求歸爲外部動機内化，重新解讀了自我決定理論的運行機制。Greguras 和 Diefendorff（2009）分三階段收集了關於 163 名全職職員以及基層管理者的數據，通過調查發現，除了自主、勝任、關係之外，個人與環境的協調對員工的基本心理需求和行爲產生影響（Kristof-Brown, Zimmerman, Johnson, 2005; Schneider, 2001）。

除了三維度研究以外，相關學者還對基本心理需求進行了更廣泛的細分。

Guardia, Ryan, Couchman 和 Deci（2000）的研究證明安全依附通過個人層面和組織層面影響員工的基本心理需求進而促進員工需求滿足和身心健康（Ryan, Lynch, 1989; Davila, Burge, Hammen, 1997）。所以學者也提出通過這四個要素——安全依附需求、自主需求、勝任需求和關係需求來對員工基本心理需求進行測量。

相對於 Hullian 傳統定義而言（Hullian 傳統認爲需求是與生俱來的），學者 Murray（1938）認爲基本心理需求是後來習得的，包含眾多要素。基本心理需求被定義爲任何促進個人行爲的動因。因此，Murray 的需求列表是相當廣泛的，包括可驅動的積極心理發展（例如自我實現）以及導致個人不適應性功能（例如貪婪）。這些因素都是在測量個體心理需求時需考慮的維度。①

與 Murray 的多需求相呼應，學者 Broeck、Vansteenkiste、Witte、Soenens 以及 Lens 在 2010 年研究出來一個新量表 W-BNS（Work-related Basic Need Satisfaction Scale），這個量表用變量工作滿意度、組織忠誠、生活滿意感、工作投入、績效、倦怠六個子維度來衡量基本心理需求，在一定程度上更加全面與精確。

2.4.3 基本心理需求的前因變量

基本心理需求理論（Basic Psychological Need Theory）提出自主、勝任與關係三大基本心理需求，三大基本心理需求是人與生俱來的，個體趨向於努力尋找合適的環境使自己的這些需要得到滿足。總結文獻，可以看到影響基本心理需求的因素分爲如下幾類。

---

① MURRAY H A. Explorations in personality [M]. New York: Oxford University Press, 1938.

1. 組織環境

Deci, Deci 和 Ryan 提出認知評價理論（Cognitive Evaluation Theory），認爲環境因素通過影響基本心理需要的滿足從而影響認知過程，並將環境因素分爲信息性、控制性與去動機性三種類型。①②③ 信息性的事件如工作中的選擇機會、員工自主管理能激發個體的自我決定感，進而促進個體內在的因果知覺與勝任感；控制性的事件比如獎懲措施、監督調控等使個體感覺到組織的控制，進而降低了個體的自主性；去動機性的事件如無效事件等促使個體產生無法勝任工作的感覺。Gagné 和 Deci（2005），Grant（2007）的研究發現通過增強員工的反饋、提供良好的工作環境，以及增強員工與顧客、員工和同事的互動，組織可能會培養員工的能力感和關係感。Morgeson 和 Humphrey（2006）提出如果爲員工提供一個靈活的工作行程、做決定的機會或是自主選擇完成工作的方式，那麼有可能會增強員工的自主感。

2. 領導風格

自我決定理論強調組織環境與個體之間的互動，而組織中的領導與員工的溝通方式體現了組織環境與個體的互動。Ferris, Brown, Berry, Lia（2008）和 Tyler, Degoey, Smith（1996）研究發現當領導濫用監管職能如貶低下屬、負面評估並過於強調員工的缺陷、欺騙和威脅員工、排斥或用其他粗暴的行爲對待員工時，員工的基本心理需求滿足程度會降低。貶低或是指責下屬是質疑下屬能力和成績的行爲，會降低員工的能力感，進而影響員工的勝任需求。員工爲了避免成爲被批評、排斥或者是其他粗暴行爲對待的對象，開始按照監管者期望看到的員工的行爲方式去行事，而這樣的結果便是損害了個體的自主感。最後，排斥、貶低和粗魯行爲給個體傳達的信息是他或她沒有受到團隊相應的尊重，進而降低了個體的歸屬感和關係需求。根據相關研究，自主支持可以直接或間接影響個體基本心理需求的滿足（Taylor, Lonsdale, 2010）。

2.4.4 基本心理需求的結果變量

根據自我決定理論，基本心理需求是影響個體健康和個體效能的重要因素。這些因素包括自主、能力和歸屬三個層面。當人的基本心理需求得到滿足時，個體就會獲得較好的健康水平和較高的效能感。過去的研究顯示，基本心理需求的滿足程度與更好的工作表現（Greguras, Diefendorff, 2009）、更加投

---

① DECI E L. Intrinsic motivation [M]. New York: Plenum, 1975.

② DECI E L, Ryan R M. Intrinsic motivation andself-determination in human behavior [M]. New York: Plenum, 1985.

③ DECI E L, RYAN R M. The general causalityorientations scale: Self determination in personality [J]. Journal of Research in Personality, 1985 (19): 109-134.

入的工作態度（Deci, et al., 2001）、更佳的心理狀態（Gagné, Deci, 2005）呈正相關關係。相反，基本心理需求得不到滿足的情況下，員工會出現行爲偏差（Shields, Ryan, Cicchetti, 2001）。

1. 工作滿意度

工作滿意度，作爲一個對工作經歷的總體評價，受到各種各樣變量的影響，並且是一個寬泛的概念。Porter（1965）從滿足基本需要的角度出發，提出達到工作滿意的 5 個標準分別是安全、社會、獨立、自尊和自我實現。Gagné 和 Deci（2005）也提出基本心理需求的滿足有助於提高員工的工作滿意度。Ryan, Deci（2008），Lynch, Plant, Ryan（2005）發現，基本心理需求的滿足和員工的工作滿意度呈正相關關係。

2. 情感承諾

組織中的活動會對組織的個人行爲和感知產生重大影響。個人通過參加組織活動慢慢加深對組織的瞭解，並逐步建立同組織之間的情感和認知的聯繫，最終融入組織。研究表明，員工基本心理需求的滿足程度與員工的組織忠誠相關。[①] 同時，在與個體基本心理需求滿意度關係的強弱上，情感承諾強於規範承諾，而持續承諾與基本心理需求負相關或不相關。[②] 根據 Greguras 和 Diefendorff 的相關研究，滿足員工的基本心理需求會提升員工的情感承諾，進一步提高員工的職業幸福感。[③] 同時，Meyer 通過相關實證分析也提出：員工基本心理需求與情感承諾顯著正相關。[④] 張旭等根據以往的研究，提出兩個假設：一是基本心理需求滿意度與個體情感承諾顯著正相關，其中，對情感承諾影響最強的是自主需求；二是關係需求具有調節效應，調節自主需求和勝任需求對情感承諾的影響。[⑤]

3. 工作投入

Kahn（1990）將工作投入（Work Engagement）定義爲個體工作角色與自我的生理、認知及心理三方面的融合。Kasser 等發現，在員工感知到被監督的工作情景下，自主需求、勝任需求及關係需求的滿足程度更高的員工比低滿足

[①] MEYER J P, Maltin E R. Employee Commitment and Well-Being: A Critical Review, Theoretical Framework and Research Agenda [J]. Journal of Vocational Behavior, 2010, 77（2）: 323-337.

[②] MEYER J P, STANLEY L J, PARFYONOVA N M. Employee Commitment in Context: The Nature and Implication of Commitment Profiles [J]. Journal of Vocational Behavior, 2012, 80（1）: 1-16.

[③] GREGURAS G J, DIEFENDORFF J M. Different Fits Satisfy Different Needs: Linking Person-Environment Fit to Employee Commitment and Performance Using Self-determination Theory [J]. Journal of Applied Psychology, 2009, 94（2）: 465-477.

[④] MEYER J P, STANLEY L J, PARFYONOVA N M. Employee Commitment in Context: The Nature and Implication of Commitment Profiles [J]. Journal of Vocational Behavior, 2012, 80（1）: 1-16.

[⑤] 張旭，樊耘，黃敏萍，等. 基於自我決定理論的組織忠誠形成機制模型構建：以自主需求成爲主導需求爲背景 [J]. 南開管理評論, 2013, 16（6）: 59.

程度的員工會投入更多的時間工作。① Ilardi, Leone, Kass 和 Ryan 的研究表明那些表現出比一般員工更積極的工作態度、更強烈的自尊心和更高的幸福感的員工,其基本心理需求的滿足度更高。② Sheld, Elliot, Kim 和 Kasser (2001) 發現與生理需求、安全需求、自我實現需求等其他研究所提出的個體心理需求相比,自主需求、關係需求及勝任需求的滿足最利於使員工產生自我實現感。Deci 和 Gagné 發現滿足員工基本心理需求能夠使其更爲靈活、更加有效率地工作。③ Greguras 和 Diefendoeff (2009) 認爲員工個人需求的滿足程度能顯著地預測員工的工作表現、工作投入和心理調整能力,並且提出自主需求與員工工作動力和專注程度相關,自主需求和歸屬需求都與員工工作奉獻度相關。李敏通過對員工工作投入與基本心理需求滿足關係的研究,認爲基本心理需求滿足構念與工作投入是正相關關係,即員工的基本心理需求的滿足程度高會有效提高其工作投入水平。④

4. 工作績效與工作幸福感

Baard 的研究表明,員工基本心理需求的滿足與其工作績效息息相關,有自主因果定向特點的員工在覺察到自主支持時,會更積極地尋找可以滿足其內在需求的機會。⑤ Broeck 的研究表明,員工特點和所在環境特徵(如領導風格、環境特徵、員工工作價值取向等)通過滿足員工的基本心理需求進而提升了員工的幸福感和工作績效。⑥ Deci 調查了保加利亞國有企業的情況,經過與美國私營企業的對比研究,發現在兩個國家中,員工的基本心理需要滿足程度均可以有效預測其工作績效、幸福感,說明在預測員工的工作績效與幸福感時,個體的內在基本心理需求是一個跨越政治、經濟、文化分歧的,普遍存在

---

① KASSER T, DAVEY J, RYAN R M. Motivation and Employee-Supervisor Discrepancies in a Psychiatric Vocational Rehabilitation Setting [J]. Rehabilitation Psychology, 1992, 37 (3): 175-188.

② ILARDI B C, LEONE D, KASSER T, et al. Employee and Supervisor Ratings of Motivation: Main Effects and DiscrepanciesAssociated with Job Satisfaction and Adjustment in a Factory Setting [J]. Journal of Applied Social Psychology, 1993, 23 (21): 1789-1805.

③ GAGNé M, DECI L E. Self-Determination Theory and Work Motivation [J]. Journal of Organizational Behavior, 2005, 26 (14): 331-362.

④ 李敏. 中學員工工作投入與基本心理需求滿足關係研究 [J]. 員工教育研究, 2014 (2): 43-49.

⑤ BAARD P P, DECI E L, RYAN R M. Intrinsic Need Satisfaction: Amotivational Basis of Performance and Well-Being in TwoWork Settings [J]. Journal of Applied Social Psychology, 2004, 34 (10): 2045-2068.

⑥ VAN DEN BROECK A, VANSTEENKISTE M, DE WITTE H, et al. Capturing Autonomy, Competence, and Relatednessat Work: Construction and Initial Validation of the Work-Related Basic Need Satisfaction Scale [J]. Journal of Occupational andOrganizational Psychology, 2010, 83 (4): 981-1002.

的預測變量。① 基本心理需求的滿足有效地預測了員工的績效，說明員工基本心理需求的各維度與工作績效之間存在某種聯繫。②

5. 工作倦怠

自我決定理論集人類動力及調整理論之大成，認爲需求的滿足將會激勵人們努力工作，而阻礙需求滿足則導致人們消極的情緒和工作倦怠。基於這個理論，Aquino 和 Thau（2009）的研究已經證實了個體消極應對工作的一個重要原因便是基本心理需求沒有得到滿足。Deci 和 Ryan（2000）根據自我決定理論提出基本心理需求沒有得到滿足會損害個體調整行爲的能力。自我決定理論還表明，當基本心理需求不能得到滿足時，個體會變得缺少熱情和認知去調整自己的行爲，如工作時間睡覺或者遲到缺勤等行爲（Ferris, Brower, Heller, 2009；Kuhl, 2000）。Broeck（2010）等人通過相關研究認爲基本心理需求顯著影響著工作資源、工作需求和工作倦怠之間的關係。

2.4.5 評析

通過文獻梳理可以發現，自我決定理論以有機辨證元理論爲基礎，認爲人具有一種使自我整合統一，與他人或周遭環境成爲整體的傾向，並且先天具有自我決定和心理發展的潛能。在充分認識個人需要和環境信息後，個體對環境本能地做出自我決定，影響或改變自己的行爲。在此哲學基礎上，隨著學者們對自我決定理論研究的不斷精煉和完善，自我決定理論已經成爲一個較爲完整的理論體系，並不斷有著新的發現。該體系主要包含基本心理需求理論、認知評價理論、有機整合理論、因果定向理論和目標內容理論。其中自我決定理論的核心是基本心理需求理論。基於此，本研究把基本心理需求理論作爲理論基礎。

作爲自我決定理論的核心，基本心理需求理論認爲人普遍擁有三種基本的心理需求：自主需要、勝任需要和關係需要。自主需求指的是自我抉擇和自己做決定的需求，自我決定理論高度強調自主性需求，認爲自主性的支持、鼓勵尊重個體的觀點及選擇的權力，有利於激勵個體自我決策，對產生積極正面的心理效應大有裨益。勝任需求指個體樂於挑戰自我，並且在這個過程中得到與自己期望相符合的需要（White, 1959）。關係需求是指人們在保障自我安全的情況下與他人保持親密關係的需求，是一種能與他人建立互相尊重和依賴的感

---

① DECI E L, RYAN R M, GAGNé M, et al. Need Satisfaction, Motivation, and Well-Beingin the Work Organizations of a Former Eastern Bloc Country [J]. Personality and Social Psychology Bulletin, 2001, 27 (8): 930-942.

② 張劍，張微，EDWARD L DECI. 心理需要的滿足與工作滿意度：哪一個能夠更好地預測工作績效？[J]. 管理評論, 2012, 24 (6).

覺（Deci, et al., 2000），這是一種歸屬感的需求。學者們從不同角度詳細定義了三種不同心理需求，最終認爲這三種心理需求構成了人的基本心理需求。基於此，本研究認爲基本心理需求分爲自主需求、勝任需求以及關係需求。

對於基本心理需求的測量，學者們主要集中在兩方面：一是動機傾向維度，二是自主需求、勝任需求、關係需求三維度。動機傾向方法的典型代表是McClelland，他認爲人的需求或者更精確地說內隱動機主要包括成就感（McClelland, et al., 1953）、歸屬感（McAdams, Bryant, 1987）、權力欲（McClelland, 1985; Winter, 1973）。本研究認爲，與動機傾向維度相比，自主需求、勝任需求、關係需求三維度的測量維度更具有準確性和代表性。以往的研究者都把這三類需求看作是與生俱來的，而且重要性相同，但是最近研究者發現針對不同的領域和不同的個體，三種需求的重要程度具有差異性（Julia Schüler, Kennon M. Sheldon, Stephanie M. Fröhlich, 2010）。鑒於基本心理需求理論的成熟性以及測量工具的逐步發展，本研究採用 Deci 等學者提出的自主需求、勝任需求、關係需求三種需求來衡量員工的基本心理需求。

與此同時，三種基本心理需求對個體心理健康有十分重要的「滋養」作用，這些需求被滿足的程度決定了個體的幸福感。眾多研究已經證實了三類需求是衡量或者預測個人行爲的重要維度。企業通過滿足三種需求來激發員工的內在動機，以達到激勵員工、提高組織績效的目的（Deci, Ryan, 2000; Vansteenkiste, Ryan, Deci, 2008）。通過文獻梳理，本研究認爲基本心理需求不僅受到組織環境和領導風格的影響，而且還影響著員工的工作滿意度、情感承諾、工作投入和工作倦怠。

2.5 破壞性領導相關研究述評

2.5.1 破壞性領導的涵義

近年來對破壞性領導風格（Destructive Leadership）的研究取得了較爲豐碩的成果。

20 世紀中後期之前，學術界對領導風格的研究集中在領導風格的積極面上（Kelloway, Mullen, Francis, 2006），而對其陰暗面——破壞性領導風格和其對組織影響的研究和理論發展都相對較少（Tepper, 2000）。20 世紀中後期，隨著組織外部競爭的日益激烈，外部競爭壓力有意或無意地轉移到了組織內部，這些壓力就落到了管理者身上，進而增大了管理者產生不正當領導行爲的概率。隨著社會上負面報導的增多，以及調查研究的深入，學者們將研究目光逐步鎖定在組織中的破壞性領導風格上（Kellerman, 2004; Kelloway, Sivanathan, Francis,

Barling, 2005; Einarsen. S, Aasland. M. S, 2007)。有關調查顯示,5%～10%的人在工作中至少受到過一次欺辱(Zapf, Einarsen, Hoel, Vartia 2003),而在其中,80%的欺辱行爲都是由上級實施的(Einarsen, Hoel, Zapf, Cooper, 2003)。Lombardo 和 McCall(1984)通過一項對 73 位管理者的研究發現,74%的人都曾在工作中遇到過令人難以忍受的上司。Namie. G 和 Namie. R(2000)發現 89%的人把其在工作中受到欺凌的原因歸結爲其領導。這一系列的研究清楚地表明,在面對下屬時,領導很容易表現出破壞性行爲,另外怠工、偷竊和腐敗等消極行爲也是很容易出現的(Altheide, Adler, Adler, Altheide, 1978; Dunkelberg, Jessup, 2001; Kellerman, 2004; Lipman-Blumen, 2005)。Burke 假設通過對領導的「黑暗面」的研究會使得人們更加精確地認識領導。[1] 根據對以往文獻的檢索,Baumeister, Bratlavsky, Finkenauer 和 Vohs 認爲已經有一個壓倒性的看法,即消極的行爲比積極的行爲對社會交往有更大的影響。[2] 因此對破壞性領導的理解和預防比研究調查領導的積極面有更重要的學術和實踐意義。

　　學者們將眼光首先投放在破壞性領導與下屬的關係上,從而圍繞核心概念列舉出了一系列概念來形容這樣的領導。其中有通過各種方法創造恐懼和恐嚇控制他人的「辱罵的檢察者」[3],因爲自己對下屬的態度和各種各樣的行爲使下屬健康受損的「危及健康的領導」(Kile, 1990),運用權力和權威任性地和惡毒地行事的「小氣的暴君」[4],「地痞」(Namie. G, Namie. R, 2000),「出界領導」(Schackleton, 1995),「難以忍受的老板」(Lombardo, McCall, 1984),「心理變態者」(Furnham, Taylor, 2004)和「強霸領導」(Brodsky, 1976)。隨後,學者們也看到了破壞性領導在組織層面的影響,有人將其定義爲不正直的,掩飾自己一系列的行爲並且參與許多不會受人尊重活動的「毒性領導」(Lipman-Blumen, 2005)。這些活動包括腐敗、僞善、怠工、做假帳和其他一系列不道德的、非法的犯罪行爲[5]。儘管這些定義之間有很多相似之處,但由於太過五花八門,最後學界廣泛採用了 Tepper(2000)的定義和由其延伸出的概念框架。他將破壞性領導定義爲主管領導長期持續對員工表現出可感知到的語言或非語言的敵意行爲,與身體接觸無關。Tepper(2000)對破壞性領導的界定得到學界的廣泛認同,後續學者對於破壞性領導的研究絕大多數

---

[1] BURKE R J. Why leaders fail. Exploring the dark side. In R. J. Burke & C. L. Cooper (Eds.), Inspiring leaders [M]. London: Routledge, 2006.
[2] BAUMEISTER R F, BRATSLAVSKY E, FINKENAUER C, et al. Bad is stronger than good [J]. Review of General Psychology, 2001, 5 (4), 323-370.
[3] HORNSTEIN H A. Brutal Bosses and their pray [M]. New York: Riverhead Books, 1996.
[4] ASHFORTH B. Petty tyranny in organizations [J]. Human Relations, 1994 (47): 755-778.
[5] LIPMAN-BLUMEN J. The allure of toxic leaders. Why we follow destructive bosses and corrupt politicians — and how we can survive them [M]. Oxford: Oxford University Press, 2005.

都是基於這個定義而進行的（李銳，凌文銓，柳士順，2009；高日光，2009；朱月龍，等，2009；劉軍，王末，吳維庫，2013；顏愛民，裴聰，2013；李愛梅，等，2013；毛江華，等，2014）。Kellerman（2004）研究得出破壞性領導經常通過說謊、欺騙和偷竊以及一系列將自己個人利益置於組織合法利益之前的行爲將自己捲入腐敗。Ståle Einarsen（2007）提出了一個通用於員工層面和組織層面的定義，他將破壞性領導及其行爲定義爲：一個領導、監督者或是管理者的系統性的重複的暗箱操作行爲，會對組織目標、任務完成、資源和影響力產生不利影響，減弱對員工的激勵程度、幸福感與滿意感，違背和損害組織的合法利益。

2.5.2 破壞性領導的測量

Tepper（2000）開發了研究破壞性領導的包含 15 個題項的量表。該量表及其簡潔版較爲成熟，信度效度都較高，在實證研究中被廣泛採用（Harris, Kacmar, Zivnuska, 2007；Tepper, et al., 2009；Tepper, Henle, Lambert, Giacalone, Duffy, 2008）。Mitchell 和 Ambrose（2007）爲了研究破壞性領導與員工工作偏差行爲的關係，通過 EFA 和 CFA 方法對 Tepper 的量表題項進行修訂精煉，最後精簡爲 5 道題項，不僅包含領導的主動性不當行爲，也包括領導的被動的不當行爲。國內外學者基於中國特殊文化背景的破壞性領導研究也多直接沿用 Tepper 的量表（劉軍，吳隆增，林雨，2009；吳維庫，王末，劉軍，吳隆增，2012），或使用科學的方法對其進行修改（李銳，柳士順，凌文權，2009；李寧琪，易小年，2010；申傳剛，楊璟，劉騰飛，馬紅宇，2012）。Aryee 等（2007）爲了研究適合中國特殊文化背景的破壞性領導量表，在 Tepper 的量表中選取了 8 個文化中性項目，其內部一致性系數高，信效度好。這些研究所修訂出的問卷很多，不同學者對破壞性領導的操作性定義也稍有不同，但都以 Tepper 的量表作爲修改基礎。

除此之外，還有學者從其他角度來測量破壞性領導。Einarsen 等（2007）受 Blake 和 Mouton 的領導方格理論的啓發，採用一個橫坐標爲組織目標、任務和效果的行爲與縱坐標爲下屬行爲的一個平面直角坐標系構建了對破壞性領導風格的分類體系，他們認爲一個領導不會一直只表現一個方面，在一個維度上表現出破壞性行爲那麼就會同時在另一個維度上表現出建設性行爲，並發現典型的破壞性領導可以表現爲「暴君型」「越軌型」和「狹隘型」三種。Aasland（2009）在 Einarsen 的分類體系基礎上進行研究，認爲除了積極的、直接的破壞性行爲外還包含消極的、間接的破壞性行爲。他在 Einarsen 等 2007 年的研究基礎上，提出了第四種破壞性領導的表現：「放任型」領導。他編製了一個由 22 道題目構成的問卷，包含四個分量表和 6 道建設性領導相關的題目。實證研究顯示該問卷的信效度較好。

Padilla（2007）提出了毒性三角理論模型，認爲破壞性領導是毒性三角的首要要素，包含超凡魅力、個人化的權力需要、狂妄自大、灰暗的生活經歷和仇恨意識五個關鍵特徵。Schilling（2009）通過對42位管理者的訪談提出了與消極型領導相關的8種領導風格，並用非度量多維尺度分析對8種消極領導風格分類，得到了一個二維的消極領導一致性結構圖形。

2.5.3 破壞性領導相關研究

已有實證研究表明破壞性領導風格會對下屬的行爲和感受產生重要影響。破壞性領導會在心理、態度、行爲上對下屬產生不利影響（李銳，凌文輇，柳士順，2009）。即破壞性領導會導致下屬產生抑鬱、焦慮、緊張等消極心理（Tepper，2000，2007；吳宗佑，2008）。

破壞性領導風格會引發下屬產生反抗行爲、偏差行爲和攻擊行爲等負向行爲（Tepper，2007；Mitchell，Ambrose，2007；Tepper，Henle，Lambert，Giacalone，Duffy，2008；Thau，Bennett，Mitchell，Marrs，2009；Bowling，Michel，2011）。把組織公民行爲視爲角色外行爲的員工在接受破壞性領導的辱虐行爲後，會減少其組織公民行爲的發生（Zellars，Tepper，Duffy，2002；Harris，Kacmar，Zivnuska，2007；Aryee，Chen，Sun，Debrah，2007，2008；吳隆增，劉軍，劉剛，2009）。毒性領導會影響員工健康狀況和加重組織成本（Dyck，2001），導致員工高缺勤率，增加員工離職傾向，減少員工的工作滿意度和對上司滿意度（Macklem，2005；Schimidt，2008；路紅，2010），導致消極的工作績效和群體思維（Willson–Starks，2003），從而導致組織營業額下降（Flynn，1999）。劉軍、吳隆增和劉剛（2009）研究了破壞性領導風格對任務績效和組織公民行爲的影響，其中以員工對主管的信任爲仲介變量，以員工傳統性作爲破壞性領導風格與員工對主管的信任間的調節變量。嚴丹（2012）探討了破壞性領導風格對員工建言行爲的影響，以組織自尊和組織認同爲仲介變量，以權力距離感爲調節變量。顔愛民等人研究了破壞性領導風格對職場偏差行爲和工作績效的影響。宋萌、王震（2013）研究了破壞性領導風格對工作績效和離職意願的影響，以領導認同爲仲介變量。

破壞性領導會導致員工的不滿，進而使員工表現出反抗行爲。通常來說，破壞性領導會造成以下兩種行爲：一種是主管導向的偏差行爲，表現爲員工在受到侵犯後，直接對主管進行報復；另一種是人際和組織偏差行爲，表現爲員工在受到侵犯後，對組織本身或組織的其他人進行替代性報復。Mitchell和Ambrose（2007）認爲破壞性領導風格與上述兩種偏差行爲均存在正相關關係。李銳、凌文輇和柳士順（2009）以組織支持感和心理安全感爲仲介變量，探討了破壞性領導風格對下屬建言行爲的影響機制，並探討上司地位知覺對該影響過程的調節作用。劉軍、吳隆增和林雨（2009）以北京多家電子製造企業

中的283位員工爲被試進行研究發現，破壞性領導風格對下屬的情緒耗竭和離職傾向有顯著的正向預測作用，而下屬的政治技能則在其中起負向調節作用。破壞性領導風格對建言行爲有負面影響（嚴丹，黃培倫，2012；Wang, Jiang, 2015），是導致員工沉默行爲的重要原因（吳維庫，等，2012）。

2.6 工作—家庭支持的研究述評

2.6.1 工作—家庭支持概念的研究

工作—家庭支持與工作—家庭衝突相對應，是工作—家庭關係中的一個重要組成部分，表現了工作—家庭關係之間的積極作用。家庭領域的支持主要來自配偶，分爲情感性支持和工具性支持。[①] 情感性支持是在情感方面來自家庭成員的關愛和幫助；工具性支持是來自家庭成員對日常的家庭事務所持的態度和行爲。

工作—家庭支持是工作—家庭促進的一種具體形式，現有關於工作—家庭促進的研究相對較少。[②] 研究表明，工作—家庭的促進關係可以表現爲積極滲溢（Positive Spillover）、豐富（Enrichment）、促進（Facilitation）。在Crouter的研究中，他定義了工作—家庭積極滲溢——在某一角色中獲得的收益在相應的領域會發生正向遷移，並有益於接受領域的角色表現[③]。Edward等認爲這種可能在工作與家庭之間發生的積極滲溢包含四個方面的內容，即情感、價值觀、技能和行爲，這種正向的遷移會對接受領域產生積極影響。[④] Greenhaus等（2006）提出了工作 家庭的豐富（Enrichment），他們認爲個體可以從工作（家庭）的角色中得到有意義的資源，從而幫助其在另一角色中獲得更好的表現。工作家庭豐富可以通過工具性途徑和情感性途徑獲得。[⑤] 工具性途徑是指個體通過一個領域獲得用以直接提升領域角色的資源。具體來說，價值觀、技能和行爲等都是通過工具性途徑產生的。情感性途徑是指個體在一個領域內得

[①] BAMET R C, HYDE J S. Women, men, work and family: An expansionist theory [J]. The American Psychologist, 2001, 56 (10): 781-796.

[②] 李永鑫，趙娜. 工作—家庭支持的結構與測量及其調節作用 [J]. 心理學報，2009 (4): 863-874.

[③] CROUTER A C. Spillover from family to work: The neglected side of the work-family interface [J]. Human Relations, 1984 (37): 425-442.

[④] EDWARDS J R, ROTHBARD N P. Mechanisms linking work and family: Clarifying the relationship between work and family constructs [J]. Academy of Management Review, 2000 (25): 178-199.

[⑤] GREENHAUS J H, POWELL G N. When work and family are allies: A theory of work-family enrichment [J]. Academy of Management Review, 2006 (31): 72-92.

到的資源通過提高其內在感知，從而對另一領域的角色產生積極的影響。Wayne等人（2006）提出工作—家庭促進這一概念，他們認爲個體在某一角色領域（家庭或工作）中獲得的資源能提升其在另一角色領域的整體效能。與此同時，Voydanoff通過相關研究，認爲工作—家庭促進是個體在工作和家庭兩個角色領域中的任意一方獲得的資源對另一方的促進作用。[1]

Carlson（2006）的研究表明，積極的工作—家庭關係可以表現出積極滲溢、豐富以及促進三種層面。其中，工作—家庭關係的促進是以正向溢出和豐富爲前提和基礎的。同時，與豐富相比，促進更注重個體自身系統功效的提升。然而，Butler（2006）等學者認爲工作—家庭中積極滲溢、豐富和促進這三個概念是無差別的，可以進行互換。

在現有工作—家庭支持的研究中，Haar（2004）等認爲，工作—家庭支持是指組織爲個體提供的一種能調節個體日常生活和促進家庭工作穩定的政策。國內學者李永鑫和趙娜（2009）則認爲工作—家庭支持的研究需要同時關注工作領域和家庭領域。他們認爲從組織和家庭兩個領域得到的支持會使員工更好地投入到工作中去。

綜合上述研究，如表2-2所示，學者們大致從工作—家庭積極滲溢、豐富以及促進三方面來研究工作—家庭促進。本研究將工作—家庭支持定義爲員工在家庭領域得到的各種支持，這種支持是對家庭和工作的雙向支持，有益於促進工作—家庭的平衡和穩定。

回顧以往研究，工作—家庭支持的結果變量主要集中在個人心理、工作滿意度等方面。Karatepe和Kilic（2007）研究發現，工作—家庭支持影響著員工工作滿意度：來自配偶的支持與一些工作的相關結果呈顯著正相關關係，包括工作成就感、良好的身體狀況、工作滿意度等。這表明工作—家庭支持越高，員工的工作滿意度越高，員工的身體狀況越好。Lim認爲家庭的支持調節著員工的工作安全感和生活滿意度。[2] 與此同時，Allen通過研究得出員工所獲得的家庭支持越多，其投入工作的精力就越多，感受到的工作壓力就越小。[3] 並且，員工留任受到工作滿意度、工作壓力等因素的直接影響。[4] Wayne等人提出工作—家庭促進這一概念，他們認爲個體在某一角色領域（家庭或工作）

---

[1] VOYDANOFF P. Implications of work and community demands and resources for work-to-family conflict and facilitation [J]. Journal of Occupational Health Psychology, 2004, 9 (4): 275-285.

[2] LIM V K. Job insecurity and its outcomes: moderating effects of work-based and no work-based social support [J]. Human Relations, 1996, 49 (2): 171-194.

[3] ALLEN T D. Family-supportive work environments: The role of organizational perspectives [J]. Journal of Vocational Behavior, 2001 (58): 414-435.

[4] 蘇方國，趙曙明. 組織忠誠、組織公民行爲與離職傾向關係研究 [J]. 科學學與科學技術管理，2005 (8): 111-116.

中獲得的資源能提升其在另一角色領域的整體效能。① 基於此，本研究在探究企業員工基本心理需求與其留任關係中，大膽假設，選取工作—家庭支持來探究其邊際調節作用。

表 2-2　　　　　　　　　　工作—家庭支持的概念

	立足點	定義內容	提出者
工作—家庭促進	工作—家庭積極滲溢	在某一角色中獲得的收益在相應的領域會發生正向遷移，並有益於接受領域的角色表現	Crouter, 1984
		在工作與家庭之間發生的積極滲透包含四個方面的內容，即情感、價值觀、技能和行為，這種正向的遷移會對接受領域產生積極影響	Edward, 2000
	工作—家庭豐富	個體可以從工作（家庭）的角色中收穫有意義的資源，從而幫助其在另一角色中更好地表現。工作—家庭豐富可以通過工具性途徑和情感性途徑獲得	Greenhaus, 2006
	工作—家庭促進	個體由於投入某一角色（工作或家庭）所收穫的資源能使得其另一角色領域的整體效能得到提升，促進關注的是某一角色的資源對個體另一角色的整個系統水平產生影響	Wayne, 2004
		個體在一個角色中的經歷會提高其在另一個角色中的表現	Voydanoff, 2004
工作—家庭支持	單方面的工作支持家庭	來自家庭方面的支持是指企業或者法人給予個體的一種政策，這種政策起著調節個體日常生活和促進家庭和工作穩定的作用	Haar, 2004
	雙向支持	來自組織和家庭的支持有利於員工工作和家庭的平衡	李永鑫，趙娜，2009

2.6.2　工作—家庭支持的測量

在工作—家庭支持的測量方面，學者 King 將來自工作領域的支持和家庭領域的支持分別編製了量表，初步把工作—家庭支持分成了四種：官方支持和

---

① WAYNE J H, RANDEL A E, STEVENS J. The role of identity and work—family support in work—family enrichment and its work—related consequences [J]. Journal of Vocational Behavior, 2006, 69（3）：445-461.

非官方支持（工作領域支持）、情感性支持和工具性支持（家庭領域支持）[①]。Hanso 等人開發了工作—家庭積極滲溢多維量表，從工作—家庭和家庭—工作兩個維度測量了情感、價值觀、技能和行為四方面的積極滲溢的內容。[②] Carlson（2006）等人設計開發了工作—家庭增益量表，從工作—家庭和家庭—工作兩個維度的三方面內容（發展、情感和資本）來對工作—家庭關係進行研究。[③] 國內學者李永鑫、趙娜根據國外學者現有的量表結合國內具體現狀提出了工作—家庭支持量表，填補了國內工作—家庭支持量表研究的空白。[④]

綜合上述研究，匯總國內外有關工作—家庭支持的量表，如表 2-3 所示，我們發現這些都是新近開發出來的工具，其信效度還有待在今後大量的實證研究中進行檢驗。國外的工作—家庭支持問卷是否適合中國的具體情況，國內員工和國外員工所需要的支持是否相同，還有待進一步的研究和驗證。基於此，本研究根據目前國外較成熟的量表，結合國內企業員工實際情況，在 King. L. A（1995）開發的家庭領域支持的量表基礎上修訂合適的量表。

表 2-3　　　　　　　　工作—家庭支持測量情況

名稱	說明	提出者
社會支持問卷	包括工作基礎上的社會支持和個人基礎上的社會支持，但是並未對社會支持進行分類	Marcinku, 2007
工作—家庭支持量表	工作領域支持（官方支持、非官方支持）；家庭領域支持（情感性支持、工具性支持）	King, L. A, 1995
工作—家庭積極滲溢多維量表	從工作—家庭和家庭—工作兩個維度測量了情感、價值觀、技能和行為四方面積極滲溢的內容	Hanso, 2006

---

① KING L A, MATTIMORE L K, KING D W, et al. Family Support Inventory for Workers: A New Measure of Perceived Social Support from Family Members [J]. Journal of Organizational Behavior, 1995, 16（3）: 235-258.

② HANSO G C, HAMMER L B, COLTON C L. Development and validation of multidimensional scale of perceived work-family positive spillover [J]. Journal of Occupational Health Psychology, 2006 (3): 249-265.

③ CARLSON D S, KACMAR K M, WAYNE J H, et al. Measuring the positive side of the work-family interface: Development and validation of a work-family enrichment scale [J]. Journal of Vocational Behavior, 2006 (68): 131-164.

④ 李永鑫, 趙娜. 工作—家庭支持的結構與測量及其調節作用 [J]. 心理學報, 2009 (41): 863-874.

表2-3(續)

名稱	說明	提出者
工作—家庭增益量表	從工作—家庭和家庭—工作兩個維度的三方面內容（發展、情感和資本）對工作—家庭關係進行研究。	Carlson，2006
組織非正式工作—家庭支持問卷和工作—家庭增益問卷	從非正式組織工作以及對工作的增益角度出發	唐漢瑛，2008
工作—家庭支持量表	從工作—家庭和家庭—工作兩個維度進行測量	李永鑫，趙娜，2009

2.7 主要變量間的關係研究

2.7.1 雇主品牌與員工留任的關係研究

雇主品牌站在一個全新的視角闡述了雇主與員工之間的關係。Backhaus 和 Tikoo（2004）通過研究認爲，資源基礎觀、心理契約理論和品牌權益理論是雇主品牌的理論基礎。他們認爲雇主品牌有利於提升公司人力資本，並且能夠更好地將其作爲公司的核心資本發展，從而創造以人爲核心的競爭優勢。同時，二者還提出雇主品牌能夠促使雇傭雙方心理契約的穩定，其產生的雇主品牌權益能有力提升員工留任意願。相關研究也表明，雇主品牌是企業保留員工的核心要素，好的雇主品牌是員工留任的主要影響因素（Barrow，Rosethorn，Wilkinson，Peasnell，Davies，2006）。Roger E. Herman（2005）指出員工留任對於企業高層管理者來說，是一個必須重視的問題，員工留任不只是一個人力資源策略，而是一個管理策略。同時他還將雇主品牌與員工留任相結合，認爲不管是內部還是外部的雇主品牌都對員工留任產生影響。[①] 殷志平（2007）的相關研究表明，如果把雇主品牌建設和傳統人力資源管理理念相結合，有助於激勵和留住敬業的員工，爲企業帶來超額附加值。胡海平等（2007）認爲，雇主品牌的建設最終是要滿足員工的自尊感、安全感、榮譽感和成就感，這種良好的雇傭關係和雇傭體驗能夠有效留住企業多數核心員工，增強員工的凝聚力。他們認爲打造良好的雇主品牌是企業成功的關鍵。陳靜通過研究發現，良好的雇主品牌對激勵和留住企業核心員工有著不可替代的作用，它能夠在吸引

---

① ROGER E HERMAN. HR Managers as Employee-Retention Specialists [M]. Employment Relations Today，2005.

和激勵優秀員工的同時培養員工對企業的歸屬感和忠誠度。①

與此同時，有些學者討論了雇主品牌與員工留任分維度的關係，而員工留任又可以分爲離職傾向、工作倦怠、組織忠誠三個維度。Will Rush 通過研究認爲，良好的雇傭經歷可以降低企業員工流失，提高現有員工的滿意度和忠誠度。② 符益群認爲影響員工離職的因素很多，從雇主品牌的角度概括，雇主品牌對員工離職傾向有著重要的影響，企業通過對自身雇主品牌的建設，可以有效降低員工的離職傾向，增強員工留任意願。③ 建立起良好的雇主品牌的企業比沒有雇主品牌的企業，員工流失率低得多（Ritson，2002；伏紹宏，2006；孟躍，2007）。雇主品牌反應的是員工對其雇主體驗的認同感（Barrow，Mosley，2005）。因此，員工的組織忠誠受到雇主品牌的影響，並且良好的雇主品牌對員工的組織忠誠度的提高有積極的作用（Priyadarshi，2011）。周勇、張慧通過對被試發放調查問卷，考察被試的忠誠度和其雇主品牌狀況，運用實證分析的方法，得到結果：員工忠誠度與雇主品牌有著顯著的相關關係，雇主品牌建設越好，員工忠誠度越高。④ 李琿認爲，企業應該從雇主品牌的角度管理員工離職行爲，雇主品牌既能減少企業員工的離職傾向，又能使離職的員工爲企業帶來正面的價值。⑤

2.7.2 雇主品牌與基本心理需求的關係研究

品牌通常分爲三種：企業品牌、戰略單元品牌和產品/服務品牌（Bierwirth，2003；Keller，1998；Strebinger，2008）。雇主品牌得到企業品牌的支撐，成爲穩定的品牌存在（Burmann, et al., 2008；Petkovic，2008）。Deci 和 Ryan 發現，不管是在集體主義文化中，還是在個人主義文化中，自主需求（Autonomy）、勝任需求（Competence）和關係需求（Relatedness）的滿足程度都影響了人的心理健康，這表明了該理論的普遍適應性。⑥ 在企業中，已有學者將雇員認定爲是企業內部的消費者（Rust, Stewart, Miller, Pielack, 1996），對於雇員來說，其情感、心理、社會、物質和金錢的需求和慾望受其雇主品牌的影響，而其中，基本心理需求的滿足尤爲顯著。

---

① 陳靜. 打造雇主品牌 避免核心員工流失 [J]. 現代商業，2009（17）.
② WILL RUSH. How to Keep Your Best Talent from Walking out the Door [J]. Dynamic Business Magazine, 2001（6）.
③ 符益群，凌文輇，方俐洛. 企業職工離職意向的影響因素 [J]. 中國勞動，2002（7）.
④ 周勇，張慧. 雇主品牌與員工忠誠度的分析 [J]. 創新，2010（3）.
⑤ 李琿. 好馬也吃回頭草，離職管理最重要——基於雇主品牌的員工離職管理 [J]. 人力資源管理，2009.
⑥ EDWARD L DECI, RICHARD M RYAN. Self-Determination Theory: A Macrotheory of Human Motivation, Development, and Health [J]. Canadian Psychology, 2008, 49（3）: 182-185.

雇主品牌對雇員需求滿足的吸引力是一直存在的，當雇員的需求特別是心理需求得到滿足甚至超出其預想程度時，他們會感到滿意（Rust, et al., 1996）。雇主品牌作爲企業一種大的環境，會通過影響個體的基本心理需求，激發個體的意識性和目標性行爲，如留任等，這本身就屬於一種自我調節系統（Eroglu S, Machleit K, Davis L, 2003）。而基本心理需求的滿足程度取決於環境和自我決定的相互作用，即個體和環境能相互影響（Deci, 2000）。所以，員工的基本心理需求受到其所處環境的影響。而對於員工而言，其所處的最大環境就是企業組織（Sorasak, 2014）。在企業組織中，雇主品牌作爲企業品牌的一部分，體現了員工雇傭體驗之間的差異化，而這種雇傭體驗在很大程度上會影響甚至決定員工的基本心理需求的滿足程度。簡而言之，雇主品牌會影響員工的基本心理需求，既包括方向，也包括大小（Martin, 2010；Ewing, et al., 2002；Kirchgeorg, Günther, 2006；Petkovic, 2008；Sponheuer, 2009）。同時，雇主與雇員之間確實存在著一種相互期望的關係（Levinson, 1962）。這種相互期望可以表現爲員工和組織之間的一種內隱協議：員工希望組織創造各種條件滿足其基本心理需求，作爲回報，員工會對組織忠誠，減少離職傾向，維護並捍衛組織的雇主品牌（Kotter, 1973）。因此，良好的雇主品牌在一定程度上表現爲對員工基本心理需求的滿足。

2.7.3 基本心理需求與員工留任的關係研究

我們通過文獻梳理發現，基本心理需求可以直接或間接影響員工留任。

一方面，基本心理需求直接影響員工留任。Aquino 和 Thau（2009）的研究已經證實了個體消極應對工作其中一個重要原因便是基本心理需求沒有得到滿足。當基本心理需求得不到滿足時，員工會出現行爲偏差，產生離職等行爲（Shields, Ryan, Cicchetti, 2001）。同時，基本心理需求沒有得到滿足也會損害個體調整行爲的能力，個體會變得缺少熱情和認知去調整自己的行爲，最終選擇離開組織（Ferris, Brower, Heller, 2009；Kuhl, 2000）。

另一方面，基本心理需求間接影響員工留任。現有關於員工留任的影響因素研究主要集中在組織和個體兩個層面，具體包括：員工投入（Becker, 1960；Allen, Meyer, 1984；Seok-Eun Kim, 2005）、心理認同感、工作滿意度、情感承諾（Kelman, 1958；Iverson, Roy, 1994；Mitchell, Lee, 2001）、領導風格（Jordan-Evans, 1999；Dobbs, 2000；Stein, 2000）、組織文化和工作環境（Floyd, Lane, 2000；Ketchen, et al., 2007；Upson, et al., 2007；Erik Monsen, R. Wayne Boss, 2009）等。其中，員工基本心理需求的滿足可以通過影響員工對企業的心理認同感，進而影響員工留任來實現（Greguras, Diefendorff, 2009）。Kelman 在關於員工態度變化的研究中指出，根據員工基本心理需求滿足程度的不同，可以把員工對企業的態度分爲順從、維持以及融

入三個層次。當員工順從組織時,員工會爲獲得特定的報酬或者是避免特定的懲罰,選擇留在企業;當員工認同組織中的某個人或者是與組織中的群體維持關係時也會選擇留在企業;當員工認爲自己的價值觀與組織的某個人或者組織的價值觀相似時同樣會選擇留在企業。① 與此同時,基本心理需求的滿足有助於提高員工的工作投入(Sheld, Elliot, Kim, Kasser, 2001)、工作滿意度(Ryan, Deci, 2008;Lynch, Plant, Ryan, 2005)、情感承諾(Meyer, Maltin, 2010;Meyer, 2012)、工作幸福感(Broeck, 2010)。相關研究也顯示,基本心理需求的滿足程度與更好的工作表現(Greguras, Diefendorff, 2009)、更加投入的工作態度(Deci, et al., 2001)、更佳的心理狀態(Gagné, Deci, 2005)呈正相關關係。而更好的工作表現、工作投入、更佳的心理狀態又是員工留任的重要影響因素。因此,基本心理需求可以間接影響員工留任。

2.7.4 破壞性領導對雇主品牌、基本心理需求的關係研究

根據文獻梳理可以看出,學術界對領導風格的研究集中在領導風格的積極面上(Kelloway, Mullen, Francis, 2006),而對其陰暗面——破壞性領導風格和其對組織影響的研究和理論發展都相對較少(Tepper, 2000)。隨著組織外部競爭的日益激烈,外部競爭壓力有意或無意地轉移到了組織內部,這些壓力就落到了管理者身上,進而增大了管理者產生不正當領導行爲的概率。學者們將研究目光逐步鎖定在組織中的破壞性領導風格上(Kellerman, 2004;Kelloway, Sivanathan, Francis, Barling, 2005;Einarsen. S, Aasland. M. S, 2007)。雇主品牌是組織取得差異化競爭優勢的資源,是企業爲內部員工提供的品牌承諾(Backhus, Tikoo, 2004)。在組織情境下,員工與主管領導接觸較多,領導也常常被看成是組織或部門的代理人,破壞性領導是一種重要的資源配置方式(Yukl, 2010)。因此,破壞性領導可能影響員工的雇主品牌感知。與此同時,破壞性領導一般會在心理、態度、行爲上對下屬產生不利影響(李鋭,凌文輇,柳士順,2009)。即破壞性領導不僅會導致下屬產生抑鬱、焦慮、緊張等消極心理,影響著員工基本心理需求的滿足(Tepper, 2007;吳宗佑,2008),還會提高員工的缺勤率,增加員工的離職傾向,降低員工的工作滿意度和對上司的滿意度(Macklem, 2005;Schimidt, 2008;路紅,2010)。

2.7.5 工作—家庭支持對基本心理需求、員工留任的關係研究

工作—家庭支持和工作—家庭衝突是工作—家庭關係的重要組成部分,是員工在同一環境中所經歷的相互對立的兩種工作—家庭關係(Grzywacz,

---

① HERBERT C KELMAN. Changing Attitudes Through International Activities [J]. Journal of Social Issues, 1962, 18 (1): 68-87.

Marks，2000）。

  根據自我決定理論，環境能通過滿足個體基本心理需求影響和改變個體行爲（Ryan，1995）。而家庭作爲社會環境的一個重要組成部分，工作—家庭支持是員工經歷的一種工作—家庭關係的支持性環境，其對組織成員的基本心理需求具有重要影響（李永鑫，等，2009）。

  工作—家庭支持表現了工作—家庭關係之間的積極作用。這種積極作用主要來自配偶，分爲情感性支持和工具性支持（Bamet，2001）。Carlson（2006）的研究證實，家庭領域的支持性資源能夠增强員工在工作領域的效能。Edward（2000）等通過研究發現，來自家庭的支持能夠在工作與家庭之間產生積極滲透，從而影響到個體的情感、價值觀、技能和行爲。Karatepe 和 Kilic（2007）發現，來自配偶的支持與一些工作相關結果呈顯著正相關關係，包括職業成功、良好的身體狀況、工作滿意度等，即家庭支持越高，員工的工作滿意度越高，員工的身體狀況越好。李永鑫、趙娜（2009）通過實證研究發現，工作—家庭支持與離職意向呈顯著負相關關係，表明當員工受到工作—家庭支持時，離職意向會降低。綜上，員工在家庭中獲得支持性資源（時間、心態、精力等）後，會不斷將這種資源帶入工作中，工作和家庭形成積極互動，正向影響兩個領域中的行爲傾向。而員工留任作爲員工的組織行爲傾向之一，會受到工作—家庭支持的影響。

2.8 文獻綜述小結

  綜上所述，國內外對雇主品牌的研究尚不成熟，尤以實踐性的研究居多，且在研究方法上多以調查報告、管理實踐等定性研究爲主。雇主品牌從定義到測量維度的研究都十分多元，從組織認同、企業聲譽、組織形象、企業文化和企業品牌推廣等各方面都有學者進行研究。研究視角從强調工作場所吸引力到强調企業對員工做出的價值承諾再到强調員工與求職者和雇主之間的關係。本研究著重探討雇主品牌對企業現有員工行爲的影響，爲了更好地探究其作用機制，將雇主品牌選定爲單一維度。同時，我們通過文獻梳理發現，雇主品牌對員工績效、組織忠誠、員工離職都有顯著影響。

  對於員工留任的定義，學界比較認同的是 Frank 等（2004）提出的「雇主爲了滿足業務目標而使員工樂意留下的努力」。但是，本研究認爲員工是實際做出留任行爲的主體，對員工留任的定義應該從員工的角度出發。本研究結合 Mak 等（2001）關於員工留任的研究，認爲員工留任是員工在綜合考量雇主爲爭取其留任所付出的努力以及自身基本心理需求的滿足程度後做出的一種回應。從文獻梳理中不難發現，員工留任測量維度的研究都十分多元，從組織認

同、績效體系、激勵制度、工作倦怠、離職傾向到工作環境等各方面都有學者進行研究。以往對員工留任的測量大都從員工的離職傾向層面進行研究，本研究從人力資源本體——員工出發，採用 Mak 的離職傾向、組織忠誠和工作倦怠三維度對員工留任進行界定，該界定包含了對已被學術界認可的員工離職傾向、組織忠誠層面的衡量，同時也包含了對員工工作狀態（工作倦怠）的衡量。與以往的研究相比，本研究站在員工角度，同時考慮了雇主與員工兩個方面對於員工留任的影響，這將進一步豐富對於員工留任領域研究的理論，並且為管理實踐提供智力支持。

基本心理需求理論是自我決定理論的重要組成部分（Ryan，Deci，2008）。基本心理需求理論認為，勝任、自主與關係三大基本心理需求是人與生俱來的，個體趨向於努力尋找合適的環境使自己的這些需求得到滿足。而其需求的滿足是促進個體人格發展和認知結構完善的重要條件。該理論闡述了環境通過滿足個體基本心理需求來激勵和改變個體行為的作用機制。而研究表明，這三種基本心理需求對個體心理健康有十分重要的「滋養」作用，這些需求被滿足的程度決定了個體的幸福感。眾多研究已經證實了三類需求是衡量或者預測個人行為的重要維度，企業通過滿足員工的三種需求來激發員工的內在動機，以達到激勵員工、提高組織績效的目的（Deci，Ryan，2000）。鑒於基本心理需求理論的成熟性以及測量工具的逐步發展，本研究採用 Deci 等學者所提出的勝任、關係、自主三種需求來衡量員工的基本心理需求。

領導風格和工作—家庭支持分別是影響基本心理需求和員工留任的重要因素。破壞性領導被定義為：一個領導、監督者或是管理者系統性的重複的暗箱操作行為，會對組織目標、任務完成、資源和影響力產生不利影響，減弱對員工的激勵程度、幸福感與滿意感，損害組織的合法利益。學者們大致從工作—家庭積極滲溢、豐富以及促進三方面來研究工作—家庭促進。本研究將工作—家庭支持定義為員工在家庭領域中得到的各種支持——這種支持是對家庭和工作的雙向支持，有益於促進工作和家庭的平衡和穩定。工作—家庭支持的結果變量主要集中在個人心理、工作滿意度等方面。研究認為來自配偶的支持與一些工作的相關結果呈顯著正相關關係，包括工作成就感、良好的身體狀況、工作滿意度等。這表明工作—家庭支持越高，員工的工作滿意度越高，員工的身體狀況越好。

3 研究設計

伴隨著社會經濟的發展，企業間競爭加劇，員工與組織之間的關係也發生著重大變化。本章在上一章理論基礎和文獻綜述的基礎上，從員工感知的視角，對雇主品牌與員工留任間的關係進行系統討論，確立了本研究的概念模型，並提出相應的研究假設，進一步明確各構念的測量變量，爲之後第四章、第五章的研究方法與數據分析奠定基礎。

3.1 概念模型和研究變量

3.1.1 概念模型

自我決定理論有力地闡述了環境對個體行爲的影響機制，該理論認爲環境可以通過影響個體的基本心理需求來影響個體行爲（Deci, Ryan, 1985）。而滿足基本心理需求的程度取決於環境和自我的決定。一方面，個體行爲受到基本心理需求滿足與自我決定程度的影響；另一方面，環境對個體的基本心理需求滿足起到重要作用（Hannes Leroy, Frederik Anseel, William L Gardner, Luc Sels, 2012）。因此，本研究選擇自我決定理論作爲理論基礎，探討雇主品牌與員工留任的影響機制。

對於員工而言，其所處的最大環境就是企業組織（Sorasak, 2014）。根據自我決定理論，環境對個體的基本心理需求滿足起到重要作用（Deci, 2000）。雇主品牌是企業通過工作場所建立的企業形象，使得企業區別於其他企業，成爲最優工作環境（Ewing, Bussy, Berthon, 2002; Berthon, Ewing, Hah, 2005）。同時已有研究認爲雇主品牌的基礎是員工在組織中的感受，即雇傭體驗（Versant, 2011）。這種雇傭體驗直接影響員工基本心理需求的滿足（Dave Lefkou, 2001; Hewitt, 2005），並且雇主品牌對雇員需求滿足的吸引力是一直存在的（Rust, et al., 1996）。簡而言之，雇主品牌會影響員工的基本心理需求，既包括方向，也包括大小（Martin, 2010; Ewing, et al., 2002; Kirchgeorg, Günther, 2006; Petkovic, 2008; Sponheuer, 2009）。

進一步，基本心理需求得到滿足能夠促成個體的積極行爲（Greguras, Diefendorff, 2009），比如員工就會更好地留在企業（Mitchell, Lee, 2001）；而其未得到滿足時，員工會出現行爲偏差，產生離職等行爲（Ferris, Brower, Heller, 2009；Kuhl, 2000；Shields, Ryan, Cicchetti, 2001）。而員工留任是個體行爲中最重要的一種行爲（Mike Christie, 2001），可以從離職傾向、工作倦怠和組織忠誠進行衡量和判斷（Mak, 2001），所以，基本心理需求會影響員工留任。基於此，本研究以自我決定理論爲基礎，建立概念模型來探究員工雇主品牌感知如何通過基本心理需求的滿足對員工留任產生影響，從而揭示雇主品牌感知與員工留任之間更爲深層次的作用關係。

隨著組織外部競爭的日益激烈，外部競爭壓力有意或無意地轉移到了組織內部，這些壓力就落到了管理者身上，進而增大了管理者產生不正當領導行爲的概率，尤其是破壞性領導行爲（Kellerman, 2004；Kelloway, Sivanathan, Francis, Barling, 2005；Einarsen. S, Aasland. M. S, 2007）。破壞性領導行爲是主管領導長期持續對員工表現出可感知到的語言或非語言的敵意行爲（Tepper, 2000），高日光（2009）指出破壞性領導在中國組織情境下表現得更爲明顯。在組織情境下，員工與主管領導接觸較多，領導也常常被看成是組織或部門的代理人，會對組織資源配置產生重要影響（Yukl, 2010），而雇主品牌是組織取得差異化競爭優勢的資源，爲內部員工提供的品牌承諾（Backhus, Tikoo, 2004）。不僅如此，破壞性領導是對員工心理衝擊最大的領導風格之一，不僅會導致下屬產生抑鬱、焦慮、緊張等消極心理，而且影響著員工的基本心理需求的滿足，給員工留下較深的印象（Tepper, 2007；吳宗佑, 2008）。由此可見，破壞性領導風格一定程度上影響員工雇主品牌的感知，也影響了員工基本心理需求的滿足。故本研究從破壞性領導風格出發，考察領導風格對雇主品牌與基本心理需求滿足之間關係的調節作用。

與此同時，任何研究都是在一定的情境中進行的，而家庭是研究員工留任的重要社會情境（Karatepe, 2001）。一方面，家庭與工作的界線不再是稜角分明，工作—家庭支持和工作—家庭衝突是工作家庭關係的重要組成部分，是員工在同一環境中所經歷的相互對立的兩種工作家庭關係（Grzywacz, Marks, 2000）。工作—家庭支持是員工經歷的一種工作家庭關係的支持性環境，其對組織成員的基本心理需求具有重要影響（李永鑫, 等, 2009）。另一方面，工作—家庭支持表現爲工作—家庭關係之間的積極作用。提升工作滿意度、員工的情感承諾等是工作—家庭支持的重要結果變量，而工作滿意度、情感承諾等又可以影響員工留任（Kilic, 2007）。研究表明，得到的工作—家庭支持越多，員工就能感到更加勝任自己的工作（Allen, 2001）。故本研究擬探求工作—家庭支持對員工基本心理需求與員工留任之間關係的調節作用，且工作—家庭支持對基本心理需求與員工留任之間的關係呈正向調節作用。

綜上所述，本研究依託自我決定理論，提出雇主品牌對員工留任的影響機制模型，比較深入地闡述了兩者之間的關係及其作用機制與邊界條件，並構建相關模型。模型如圖 3-1 所示。

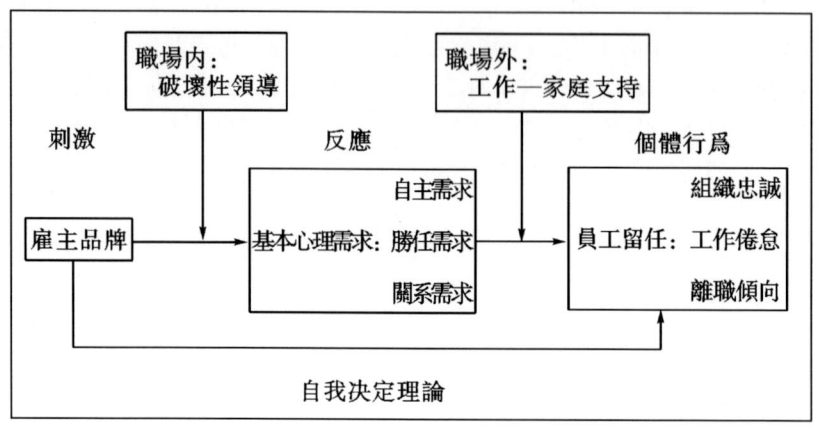

圖 3-1　雇主品牌對員工留任的影響機制模型

3.1.2　研究變量

1. 雇主品牌

本研究的目的在於探究雇主品牌如何通過基本心理需求影響企業在職員工的留任問題。因此，本研究將雇主品牌定義爲通過在企業員工心中樹立良好的雇主形象（含象徵性特徵和功能性特徵），來達到吸引、激勵和保留核心員工的作用，從而增加企業的競爭力。本研究基於 Berthon，Ewing 和 Hah 在 2005 年開發的雇主吸引力測量量表進行修訂，從而形成中國文化情境下企業在職員工的雇主品牌量表。量表的具體題項如表 3-1 所示。

表 3-1　雇主品牌測量題項

編號	題項
GZPP1	我所在的單位工作環境有趣味
GZPP2	我所在的單位工作環境使人感到幸福
GZPP3	我所在的單位能夠提供中上等水平的薪資
GZPP4	我所在的單位能夠讓我得到上司的賞識和認可
GZPP5	我所在的單位能夠成爲我職業發展的一個跳板
GZPP6	我所在的單位讓我變得更加自信
GZPP7	我所在的單位能夠提升我的職業能力

表3-1(續)

編號	題項
GZPP8	我所在的單位重視我並且讓我發揮創造力
GZPP9	我所在的單位內部有很好的晉升機會
GZPP10	我所在的單位讓我有成就感
GZPP11	我所在的單位擁有良好的同事關係
GZPP12	我所在的單位能夠提供高質量的產品和服務
GZPP13	我所在的單位能夠回饋社會
GZPP14	我所在的單位以顧客爲導向
GZPP15	我所在的單位能讓我親自參與部門之間的交流
GZPP16	我所在單位能夠讓我將所學知識加以運用

2. 員工留任

本研究採用Mak等（2001）的離職傾向、組織忠誠和工作倦怠三維度對員工留任進行界定，提出員工留任是員工在綜合考量雇主爲爭取其留任所付出的努力以及其自身基本心理需求的滿足程度後做出的一種回應。員工留任可以從離職傾向、工作倦怠及組織忠誠三個角度進行闡述和衡量。量表的具體題項如表3-2所示。

表3-2　　　　　　　　　員工留任測量題項

維度	編號	題項
工作倦怠	GZJD1	目前的工作讓我感到沮喪
	GZJD2	目前的工作讓我感到身體疲倦
	GZJD3	目前的工作讓我感到精神疲倦
	GZJD4	目前的工作我感覺很難受
	GZJD5	目前的工作讓我覺得自己沒有出路
	GZJD6	目前的工作讓我覺得自己沒有價值
	GZJD7	目前的工作令我覺得厭煩
	GZJD8	目前的工作給我帶來了不斷的麻煩
	GZJD9	目前的工作讓我覺得一點希望都沒有
	GZJD10	在目前的工作中我覺得自己處處碰壁
組織忠誠	ZZZC1	我的價值觀和單位的價值觀非常相似
	ZZZC2	我的單位能夠激發我在工作中的最大潛能
	ZZZC3	我真的很開心能爲這個單位工作
	ZZZC4	我會鼓勵朋友到我們單位上班

表3-2(續)

維度	編號	題項
離職傾向	LZQX1	我正在主動尋求目前所在單位外部的工作機會
	LZQX2	我可能會考慮找一個管理更好的單位上班
	LZQX3	若其他單位提供稍好一點的職位，我會考慮離開
	LZQX4	若另外的工作能提供更好的薪酬，我會考慮離開

3. 基本心理需求

基本心理需求理論強調影響個體自我整合活動的環境因素。Deci 和 Ryan 發現，不管是在集體主義文化中，還是在個人主義文化中，三種基本心理需求即自主需要（Autonomy）、勝任需要（Competence）和關係需要（Relatedness）的滿足都影響了人的心理健康，表明了該理論的普遍適應性。這為不同的社會力量和人際交往環境影響人自我控制機制提供了一系列的說明。本研究採用 Deci 和 Ryan（2000）的量表。量表的具體題項如表 3-3 所示。

表 3-3　　　　　　　　　基本心理需求測量題項

維度	編號	題項
自主需求	ZZXQ1	在單位工作時，我感覺很自在
	ZZXQ2	當我和我的上司在一起時，我感覺受到約束
	ZZXQ3	在單位工作時，我擁有發言權能表明自己的觀點
勝任需求	SRXQ1	在單位工作時，我經常感覺能力不足
	SRXQ2	在單位工作時，我感覺很有效率
	SRXQ3	在單位工作時，我感覺自己很有能力
關係需求	GXXQ1	在單位工作時，我和上司之間總有距離感
	GXXQ2	在單位工作時，我和上司之間十分親近
	GXXQ3	在單位工作時，我感覺自己受到關愛

4. 破壞性領導

破壞性領導為本書雇主品牌與基本心理需求之間的調節變量，本書沿用學界廣泛採用的 Tepper（2000）對破壞性領導的定義和由其延伸出的概念框架，即下屬感知到的主管領導長期持續表現出來的言語或非言語的敵意行為，但不包括直接的身體接觸。本研究採用 Mitchell 和 Ambrose（2007）的量表。量表的具體題項如表 3-4 所示。

表 3-4　　　　　　　　　破壞性領導測量題項

編號	題項
PHLD1	我的上司經常嘲笑我
PHLD2	我的上司經常說我無能
PHLD3	我的上司經常說我的想法是愚蠢的
PHLD4	我的上司經常在其他人面前負面評價我
PHLD5	我的上司經常在其他人面前羞辱我

5. 工作—家庭支持

工作—家庭支持爲本書基本心理需求與員工留任之間的調節變量，本研究通過梳理以往文獻，將家庭支持定義爲員工在家庭領域中得到的各種支持，這種支持是對家庭和工作的雙向支持，有益於促進工作家庭的平衡和穩定。本研究採用（King, L. A，1995）的量表。經過修訂後，量表的具體題項如表 3-5 所示。

表 3-5　　　　　　　　工作—家庭支持測量題項

維度	編號	題項
情感型支持	QGZC1	對工作上的問題，家人經常給我提供不同的意見和看法
	QGZC2	當工作有煩惱時，家人總是能理解我的心情
	QGZC3	當工作出現困難時，家人總是和我一起分擔
	QGZC4	當工作很勞累時，家人總是鼓勵我
	QGZC5	當工作遇到問題時，我總是會給家人說
	QGZC6	當工作出現問題時，家人總是安慰我
工具型支持	GJZC1	工作之余，家人總能給我一些私人空間
	GJZC2	當我某段時間工作很忙時，家人能夠幫我分擔家務
	GJZC3	我與家人談及有關工作上的事情時很舒服
	GJZC4	家人對我所做的工作比較感興趣

3.2　研究假設的提出

3.2.1　雇主品牌與員工留任之間的關係假設

本研究的理論基礎爲自我決定理論，其余涉及的理論爲心理契約理論、社會交換理論、組織認同理論、資源基礎理論等。

Deci 和 Ryan 於 1985 年在著作「Intrinsic motivation and self-determination in human behavior」①中第一次明確提出了自我決定理論,該理論以動作發生的不同原因和目標產生的不同類型動機進行不同區分,闡述了受環境作用後個體及其行爲動作生成影響的因果路徑。隨著自我決定理論的不斷發展和完善,現在已經形成由五個子理論構成的理論體系,其中以基本心理需求爲其核心。②基本心理需求理論認爲自主、勝任與關係三大心理需求是人與生俱來的,個體趨向於努力尋找合適的環境使自己的這些需要得到滿足。③一般來說,企業可通過營造舒適的工作環境、提供良好的支持保障體系來塑造優秀的雇主品牌形象(段麗娜,2011)。而良好的雇主品牌形象有利於提升員工的心理歸屬感,進而促使員工留在該企業(Priyadarshi,2011;張宏,2014)。

社會交換理論認爲人類的一切行爲都歸結爲某種能夠帶來獎勵和報酬的交換活動,這種交換活動就是彼此相互交換資源的過程(Blau,1956)。在交換雙方互惠、信任、公平規範的前提下,企業加強雇主品牌的建設以換取員工留任的過程,實際也是一種社會交換。在此交換中,企業能提供的「互利資源」來自於其雇主品牌,雇主品牌表現在爲員工提供的功能的、經濟的和心理的利益等集合的差異化(Tim Ambler,Simon Barrow,1996),員工能提供的「互利資源」則是其本身——人力資源。資源基礎理論認爲企業罕見的、寶貴的、不可替代和難以模仿的資源可以促進其形成領先於對手的可持續競爭優勢(Barney,1991),其中人力資本被證明是創造競爭優勢的重要資源(Priem,Butler,2001)。在這樣初步的交換中,員工得到的「互利資源」或是「報酬」就是雇主爲其所提供的功能的、經濟的和心理的利益等方面的東西。因此,員工通過付出自己的努力能得到雇主經常性的報酬,那麼他就會重複爲該雇主勞作的行爲,即留在該組織。

由心理契約理論可知,雇員和雇主之間互相對對方提供的各種責任有自己的理解和感知,在這種相互理解感知的基礎上建立了心理契約(Herriotp,Pemberton,1995)。那麼組織對員工的責任與員工對組織的責任應是一對矛盾統一的整體,對心理契約理解的一致程度高能減少理解歧義而帶來的消極情感(李豔芬,2010)。由於雇主品牌的建設有利於提升員工和雇主雙方之間心理契約的一致性,所以雇主品牌產生的雇主品牌權益能鼓勵現有員工留下來並支持企業(Backhaus,2004)。基於此,本書提出以下假設。

---

① DECI E L, RYAN R M. Intrinsic motivation and self-determination in human Behavior [M]. New York: Plenum, 1985.
② 張劍,張微,宋亞輝.自我決定理論的發展及研究進展評述 [J]. 北京科技大學學報:社會科學版, 2011, 27 (4): 131-137.
③ DECI E L, RYAN R M. The「what」and「why」of goal pursuits: human needs and the self-determination of behavior [J]. Psychological Inpuiry, 2000 (11): 227-268.

H1：雇主品牌對員工留任有正向影響。

雇主品牌是企業在員工心中所樹立的形象，能使員工對企業產生滿意感（Will Rush, 2001）。而工作滿意度與組織忠誠之間有著顯著相關性（Clvie, Richard, 1996；張慧，2010）。所謂組織忠誠指個體認同並參與一個組織的強度，是與組織簽訂的一種「心理契約」。基於此，本書提出以下假設：

H1a：雇主品牌與組織忠誠正相關。

由上文可知，雇主品牌能使員工產生滿意感，而員工滿意度又會對人員流動性產生影響，從而間接影響在職員工的離職傾向（Kervin, 1998；Liou, 1998）。符益群認為影響員工離職的因素很多，從雇主品牌的角度概括，雇主品牌對員工離職傾向有著重要的影響，企業通過對自身雇主品牌的建設，可以有效降低員工的離職傾向，增強員工留任意願。① 建立起良好的雇主品牌的企業比沒有雇主品牌的企業，員工流失率低很多（Ritson, 2002；伏紹宏，2006；孟躍，2007）。企業為員工提供較好的職業發展機會以及公平的薪酬考核和激勵能讓員工有較好的雇傭體驗，這就提高了員工對於組織的認可度和滿意程度，降低其流動性（伏紹宏，2006；孟躍，2007）。基於此，本書提出以下假設：

H1b：雇主品牌與離職傾向負相關。

雇主品牌從雇傭承諾角度來看正是一種組織對員工的承諾（Dave Lefkou, 2001；Rogers, et al., 2003；Ann Zuo, 2005；Hewitt, 2005）。根據社會交換理論，組織支持越高，員工就會加倍地投入工作來回報企業；組織支持降低，員工對企業的責任感也會降低（劉小平，王重鳴，2001）。雖然組織和員工的關係是互惠的，但這種關係由組織開始，先有組織對員工的承諾，才會有員工對組織的承諾（Eisenberger, 1986）。組織支持會給員工帶來組織支持感，組織支持感的缺失會導致員工身心疲憊和工作狀態消耗，即產生工作倦怠（彭凌川，2007；白玉苓，2010）。基於此，本書提出以下假設：

H1c：雇主品牌與工作倦怠負相關。

3.2.2 雇主品牌與基本心理需求之間的關係假設

自我決定理論有力地闡述了環境如何對個體行為產生影響，其中個體三種基本心理需求的滿意度（自主需求、勝任需求、關係需求）為本研究提供了個體與組織互動的內在動力源泉（Deci, Ryan, 1985）。根據自我決定理論，基本心理需求的滿足程度取決於環境和自我的決定的相互作用，即個體和環境能相互影響（Deci, 2000）。所以，員工的基本心理需求受到其所處環境的影響。而對於員工而言，其所處的最大環境就是企業組織（Sorasak, 2014）。根

---

① 符益群，凌文輇，方俐洛．企業職工離職意向的影響因素［J］．中國勞動，2002（7）．

據自我決定理論，環境對個體的基本心理需求滿足起到重要作用（Deci, 2000）。雇主品牌是企業通過工作場所建立的企業形象，使得企業區別於其他企業，成爲最優工作環境（Ewing, Bussy, Berthon, 2002；Berthon Ewing, Hah, 2005）。同時已有研究認爲雇主品牌的基礎是員工在組織中的感受，即雇傭體驗（Versant, 2011）。這種雇傭體驗直接影響員工基本心理需求的滿足（Dave Lefkou, 2001；Hewitt, 2005），並且雇主品牌對雇員需求滿足的吸引力是一直存在的（Rust, et al., 1996）。簡而言之，雇主品牌會影響員工的基本心理需求，既包括方向，也包括大小（Martin, 2010；Ewing, et al., 2002；Kirchgeorg, Günther, 2006；Petkovic, 2008；Sponheuer, 2009）。與此同時，根據心理契約理論，雇主與雇員之間確實存在著一種相互期望的關係（Levinson, 1962）。這種相互期望可以表現爲員工和組織之間的一種內隱協議：員工希望組織創造各種條件滿足其基本心理需求，作爲回報，員工會對組織忠誠，減少離職傾向，維護並捍衛組織的雇主品牌（Kotter, 1973）。所以，雇主品牌感知的強弱能夠影響員工的基本心理需求滿足。基於此，本書提出以下假設：

H2：雇主品牌與基本心理需求正相關。

自我決定理論高度強調自主性需求，認爲自主性的支持（Autonomy Support）、鼓勵尊重個體的觀點及選擇的權力，有利於激勵個體自我決策，對產生積極正面的心理效應大有裨益（Vansteenkiste, Simons, Lens, Sheldon, Deci, 2004；Paker, Jimmieson, Amiot, 2010；江智強，2003）。根據品牌關係理論和消費者重複購買理論，良好的品牌是企業向顧客釋放的積極而富有意義的信號（Berthon, 2002）。自主需求指的是自我抉擇和自己做決定的需求，而雇主品牌理論闡述了雇主與員工之間的關係，雇主通過在員工心中樹立良好的雇主形象，來激勵和保留核心員工（Sullivan, 2004）。由此可知，雇主品牌作爲員工所處的外部環境能夠釋放出積極信號，進而有效促進員工自主需求的滿足。基於此，本書提出以下假設：

H2a：雇主品牌與員工自主需求正相關。

品牌關係理論認爲，差異化的品牌體驗通過滿足顧客的基本心理需求，來促進顧客建立對品牌獨特的情感（Berthon, 2002）。而這種獨特的情感能夠促進顧客的參與（陳榮秋，2009）。雇主品牌得到企業品牌的支撐，成爲穩定的品牌存在（Burmann, et al., 2008；Petkovic, 2008）。在企業中，已有學者將雇員認定爲是企業內部的消費者（Rust, Stewart, Miller, Pielack, 1996），對於雇員來說，其情感、心理、社會、物質和金錢的需求和慾望受其雇主品牌的影響，而其中，基本心理需求的滿足尤爲顯著。由上可知，雇主品牌能夠吸引與激發員工的參與，而自我決定理論中勝任需求指個體樂於挑戰自我，並且在這個過程中得到與自己期望相符合的需要（White, 1959）。基於此，本書提出

以下假設。

H2b：雇主品牌與員工勝任需求正相關。

由消費者行為理論可知，顧客參與是指顧客通過服務他們自身或與共同服務的人員合作實現顧客實際涉入，進而實現顧客感知價值的創造（Lengnick-Hall，1995）。我們發現雇主品牌與企業品牌有著相同的邏輯和不同的研究對象，故消費者行為理論的許多觀點也可以用於人力資源管理研究領域。雇主品牌是雇主與員工之間建立的互動關係（Will Rush，2001），員工與企業的關係影響員工情感上的信任和依賴（劉敬嚴，2008），而自我決定理論中的關係需求，指的是建立一種與別人相互尊重和依賴的感覺（Bowlby，1958；Harlow，1958；Ryan，1993；Baumeister，Leary，1995；Deci，et al.，2000）。因此，雇主品牌可能影響員工關係需求。基於此，本書提出以下假設：

H2c：雇主品牌與員工關係需求正相關。

3.2.3 基本心理需求與員工留任之間的關係假設

基本心理需求直接影響員工留任。根據自我決定理論，自主、勝任與關係三大心理需求是人與生俱來的，個體趨向於努力尋找合適的環境使自己的這些需求得到滿足（Deci，2000）。根據社會交換理論，對於員工而言，其所處的最大環境就是企業組織。當組織給予員工各項支持，滿足了員工的基本心理需求，作為回報，員工會選擇留在組織。李敏提出員工的基本心理需求的滿足程度高會有效提高其工作投入水平。[①] 進一步，根據影響員工留任因素中的單邊投入理論，員工對組織物質與非物質投入的增加會增加員工離開組織的成本。組織認同理論認為當個體的基本心理需求得到滿足時，個體會加深對組織的認同，進而改變自己對組織的態度（Mowday，1982）。而個體對組織的態度會直接影響個體行為（Watson，2011）。Kelman（1958）的研究表明員工對組織的態度會經歷三個過程，分別是順從、認同和內部化。當員工對組織的態度是順從時會為獲得特定的報酬或者是避免特定的懲罰，選擇留在企業組織；當員工認同組織中的某個人或者是與組織中的群體維持關係時也會選擇留在企業；當達到內部化，員工認為自己的價值觀與組織的某個人或者組織的價值觀相似時同樣會選擇留在企業組織。

Aquino 和 Thau（2009）的研究已經證實了個體消極應對工作的一個重要原因便是基本心理需求沒有得到滿足。當基本心理需求得不到滿足時，員工會出現行為偏差，產生離職等行為（Shields，Ryan，Cicchetti，2001）。同時，基本心理需求沒有得到滿足也會損害個體調整行為的能力，個體會變得缺少熱情

[①] 李敏．中學員工工作投入與基本心理需求滿足關係研究［J］．員工教育研究，2014（2）：43-49．

和認知去調整自己的行爲，最終選擇離開組織（Ferris, Brower, Heller, 2009; Kuhl, 2000）。基於此，本書提出以下假設：

H3：基本心理需求與員工留任正相關。

自我決定理論認爲個體充分認識到個人需要和環境信息後，會做出自我決定，並掌控自己的行爲（Deci, 2000）。柯友鳳、柯善玉（2006）提出員工的心理能量在長期的奉獻過程中消耗過多，會出現情緒耗竭繼而出現工作倦怠。Maslach 在關於工作倦怠的定義中提到工作倦怠表現爲情緒耗竭、缺乏激情、個人成就感低落。[①] 已有研究表明自主需求能夠影響員工的工作倦怠，如工作自主能夠緩衝情緒調節所導致的工作倦怠，即工作自主使員工能夠獲得資源來彌補情緒調節所導致的資源喪失。[②] 同時，Tai 和 Liu（2007）研究工作壓力、神經質與工作倦怠三變量之間的關係時發現，工作自主性的調節作用即自主需求對工作倦怠負向調節。基於此，本書提出以下假設：

H3a：自主需求與工作倦怠負相關。

在 Price-Mueller（2000）關於離職模型的研究中，他認爲員工離職受到環境變量、個體變量、結構變量的影響，其中個體變量主要是指員工的基本心理需求。自主需求作爲員工基本心理需求的重要組成部分，主要表現爲員工的自主性需求（Vansteenkiste, 2004）。三項元分析的結果表明，員工工作自主性與工作績效、工作滿意度這兩個變量顯著相關（Fried, Ferris, 1987; Spector, 1986; Taber, Taylor, 1990）。與此同時，員工工作滿意度與離職傾向之間存在負相關關係（Hellman, 1997）。因此，自主需求可能通過影響員工的工作滿意度、組織忠誠等間接影響員工的離職傾向。基於此，本書提出以下假設：

H3b：自主需求與離職傾向負相關。

自主需求指的是自我抉擇和做決定的需求，自我決定理論高度強調自主性需求，認爲自主性的支持、鼓勵尊重個體的觀點及選擇的權力，有利於激勵個體自我決策，對產生積極正面的心理效應大有裨益（Deci, 2000）。而組織忠誠是員工對其所服務的組織充滿熱情，願意爲組織的發展奉獻自己聰明才智的情感和行爲。較高的自主性支持對員工工作滿意度和組織忠誠有積極的正向影響（Roy, 1994）。根據社會交換理論，組織滿足了員工的自主性需求，作爲交換，員工會提升對組織的忠誠度，更傾向於留任。基於此，本書提出以下假設：

[①] MASLACH C, SCHAUFELI W B, LEITER MP. Job Burnout [J]. Annual Review of Psychology, 2001 (52): 397-422.

[②] BROTHERIDGE C, GRANDEY A. Emotional labor andburnout: Comparing two perspectives of 「people work」[J]. Journal of Vocational Behavior, 2002 (60): 17-39.

H3c：自主需求與組織忠誠正相關。

勝任需求指個體樂於挑戰自我，並且在這個過程中得到與自己期望相符合的需要（White，1959；Deci，Ryan，1980），與能力倦怠相對（Deci，Ryan，2000）。Aquino 和 Thau（2009）的研究已經證實了個體消極應對工作的一個重要原因是基本心理需求沒有得到滿足。根據 Deci 和 Ryan（2000）的自我決定理論，基本心理需求沒有得到滿足會損害個體調整行爲的能力和認知，如工作時間睡覺或者遲到、缺勤等行爲（Ferris，Brower，Heller，2009；Kuhl，2000）。與此同時，Broeck 等（2010）研究發現當工作環境能滿足員工的勝任需求時，員工會採取更積極主動的工作投入或者組織公民行爲，降低工作倦怠感。基於此，本書提出以下假設：

H3d：勝任需求與工作倦怠負相關。

人與組織的匹配理論（POF）認爲個人與組織應該存在兩個方面的相容性。Kristof（1996）提出個人與組織有相似的基本特徵和個人與組織至少有一方滿足另一方的需要。而個體的努力、承諾、經驗、知識、技能等要適應組織的需求，即當組織有任務時，個體有能力完成這項任務，這充分體現出員工的勝任需求。與此同時，Vancouver 與 Kristof（1991）的研究證明人與組織匹配程度正向影響著員工對組織忠誠、員工的工作滿意，並且與離職傾向負相關。基於此，本書提出以下假設：

H3e：勝任需求與離職傾向負相關。

勝任是指個體在與環境的交互作用中感覺自己是有能力的。根據 Vroom 等（1964）的期望理論和 Bandura 等（1997）的自我效能理論，可知員工對勝任需求的追求有利於提高員工的信心，使員工在活動中感受到自我的存在價值。同時，組織爲員工提供的能力發展機會和技能培訓能夠滿足員工的勝任需求（Boomer Authority，2009；Rodriguez，2008；Arnold，2005；Herman；2005）。根據社會交換理論和組織認同理論，組織爲員工提供了福利和資源，作爲交換，員工會更認同組織，表現出更高的忠誠度以及組織公民行爲。進一步，Greguras 和 Diefendorff（2009）指出勝任需求得到滿足的員工會對組織有更高的忠誠度。基於此，本書提出以下假設：

H3f：勝任需求與組織忠誠正相關。

根據自我決定理論，主動行爲的實施來自於行爲的自發性，而自主支持型組織情景更有利於個體實施主動行爲，自主支持的組織情景促使個體將外部目標整合內化爲個人目標進行自我調節（Deci，2000）。研究已經證實，員工基本心理需求是聯結外部環境與其自身行爲的關鍵，即當環境因素支持基本心理需求的滿足時，就會促進外在動機的內化以及內在動機轉化爲外在行爲，員工便會採取有利於組織和個人目標匹配的行爲，提高工作的積極性，進而減少工作倦怠。毫無疑義，這裡的基本心理需求包含了關係需求這一子維度（Baard， et al., 2004；Deci, et al., 2001；Gagne, et al., 2000；Ilardi, Leone, Kasser, Ryan, 1993；Kasser, Davey, Ryan, 1992）。可見，人際關係處理的好壞會影響員工的工作情緒以及對組織的認同，對組織認同感低的員工，更傾向於在工作中表現出工作倦怠（Maslach, Jackson, 1981）。基於此，本書提出以下假設：

H3g：關係需求與工作倦怠負相關。

關係需求是指人們在保障自我安全的情況下與他人保持親密關係的需求，是一種能與他人建立互相尊重和依賴的感覺①，這是一種歸屬感的需求。Richer, Blanchard 和 Vallerand（2002）的研究發現來自於同事的關係需求滿足感正向地影響員工的自我決定性工作動機。此外，工作中關係需求的滿足會降低員工的離職傾向（Jordan-Evants, 1999；Madiha, et al., 2009；Ontario, 2004；Zenger, Ulrich, Smallwood, 2000）。因此，員工的關係需求得到滿足，覺得自己是組織的一員，員工的工作滿意度和組織公民行爲增多，從而離職傾向降低。根據 Bedeianetal（1991）的相關研究，直接影響離職的最終認知變量是離職傾向。我們可以用離職傾向來預測員工離職行爲（Mobley, 1977；Mobley, et al., 1978）。基於此，本書提出以下假設：

H3h：關係需求與離職傾向負相關。

根據社會交換理論，員工通過自己對組織的忠誠來換取組織對自己的支持（Rhoades, Eisenberger, 2002）。Mowday, Steers 和 Porter（1979）把組織忠誠定義爲：員工自身對組織所抱有的積極心理傾向。他們發現，當組織滿足員工的基本心理需求時，員工對組織的忠誠就得到了提高。與此同時，Zenger, Ulrich, Smallwood（2000）提出，員工關係需求的滿足對組織忠誠有顯著影響。進一步地，當員工感知到與組織和環境相容時，員工的價值觀、職業生涯目標等更傾向於與組織的主流文化和工作要求等相匹配，員工對組織的認同感更強，越有利於加強員工對組織的忠誠（Terence R. Mitchell, 2004）。基於此，本書提出以下假設：

H3i：關係需求與組織忠誠正相關。

3.2.4 基本心理需求在雇主品牌與員工留任之間的仲介效應作用假設

自我決定理論有力地闡述了環境如何對個體行爲產生影響，它與積極心理學和積極組織行爲學緊密聯繫（Deci, Ryan, 1985）。根據自我決定理論，首先，三種基本心理需求（自主需求、勝任需求、關係需求）的滿足程度爲本研究提供了個體與組織互動的內在動力源泉。其次，基本心理需求的滿足程度

---

① DECI E L, RYAN R M. The「what」and「why」of goal pursuits: human needs and the self-determination of behavior [J]. Psychological Inquiry, 2000 (11): 227-268.

取決於環境和自我的決定的相互作用：一方面，個體行為受到基本心理需求滿足和自我決定程度的共同影響；另一方面，環境對個體基本心理需求的滿足具有重要影響（Deci，2000）。對於員工而言，其所處的最大環境就是企業組織（Sorasak，2014）。雇主品牌是企業通過工作場所建立的企業形象，使得企業區別於其他企業，成為最優工作環境（Ewing，Bussy，Berthon，2002；Berthon Ewing，Hah，2005）。組織要想被獨立個體所感知並產生融入感，必須要被個體理解和認知，而雇主品牌的基礎是員工在組織中的感受，即雇傭體驗（Versant，2011）。這種雇傭體驗直接影響員工基本心理需求的滿足（Dave Lefkou，2001；Hewitt，2005）。

基本心理需求得到滿足能夠促成個體的積極行為和態度，反之當基本心理需求得不到滿足的時候，個體會表現出消極的行為和態度（Ferris，Brower，Heller，2009；Kuhl，2000；Shields，Ryan，Cicchetti，2001）。過去的研究顯示，基本心理需求的滿足度與更好的工作表現（Greguras，Diefendorff，2009）、更加投入的工作態度（Deci，et al. 2001）、更佳的心理狀態（Gagné，Deci，2005）呈正相關關係。相反，在基本心理需求得不到滿足的情況下，員工會出現行為偏差（Shields，Ryan，Cicchetti，2001）。而員工留任是個體行為中最重要的一種行為（Mike Christie，2001），可以從離職傾向、工作倦怠和組織忠誠進行衡量和判斷（Mak，2001）。所以，基本心理需求的滿足會影響員工留任。基於此，本書提出以下假設：

H4：基本心理需求在雇主品牌與員工留任之間起仲介效應作用。

3.2.5 破壞性領導的調節作用假設

近年來，領導風格被廣泛認為是組織成功的關鍵因素，其中備受關注的是領導風格的陰暗面——破壞性領導風格（Yukl，2010）。破壞性領導是主管領導長期持續對員工表現可感知到的語言或非語言的敵意行為（Tepper，2000）。高日光（2009）指出破壞性領導在中國組織情境下表現得更為明顯。在組織情境下，員工與主管領導接觸較多，領導也常常被看成是組織或部門的代理人，會對組織資源配置產生重要影響（Yukl，2010）。而雇主品牌是組織取得差異化競爭優勢的資源，為內部員工提供的品牌承諾（Backhus，Tikoo，2004）。不僅如此，破壞性領導一般會在心理、態度、行為上對下屬產生不利影響（李銳，凌文輇，柳士順，2009），即破壞性領導不僅會導致下屬產生抑鬱、焦慮、緊張等消極心理，影響著員工基本心理需求的滿足（Tepper，2007；吳宗祐，2008），還會提高員工缺勤率，增加員工離職傾向，降低員工的工作滿意度和對上司的滿意度（Macklem，2005；Schimidt，2008；路紅，2010）。因此，破壞性領導的行為直接影響著員工的基本心理需求的滿足程度。基於此，本書提出以下假設：

H5：破壞性領導在雇主品牌和基本心理需求之間起調節作用。

3.2.6 工作—家庭支持的調節作用假設

工作—家庭支持與工作—家庭衝突相對應，是工作家庭關係中的一個重要組成部分，表現了工作—家庭關係之間的積極作用。這種積極作用主要來自配偶，分爲情感性支持和工具性支持（Bamet，2001）。其中，情感性支持是在情感方面來自家庭成員的關愛和幫助；工具性支持是來自家庭成員對日常的家庭事務所持的態度和行爲。Edward（2000）等通過研究發現，來自家庭的支持能夠在工作與家庭之間產生積極滲透，從而影響到個體的情感、價值觀、技能和行爲。根據自我決定理論，環境能通過滿足個體基本心理需求來影響和改變個體行爲（Ryan，1995）。而家庭作爲社會環境的一個重要組成部分，其對組織成員的基本心理需求具有重要影響（李永鑫，2009）。更進一步，Wayne等（2006）認爲個體在某一角色領域（家庭或工作）中獲得的資源能提升其在另一角色領域的整體效能。並且，Karatepe和Kilic（2007）研究發現，工作—家庭支持影響著員工的工作滿意度：來自配偶的支持與一些和工作相聯繫的概念顯著正相關，包括工作成就感、良好的身體狀況、工作滿意度等。這表明工作—家庭支持越高，員工的工作滿意度越高，員工的身體狀況越好，工作倦怠越少。與此同時，Allen（2001）通過研究認爲員工所獲得的家庭支持越多，其投入工作的精力就越多，感受到的工作壓力就越小。可見，工作滿意度、員工的情感承諾等是工作—家庭支持的重要結果變量，而工作滿意度、情感承諾等又可以影響員工留任（Karatepe，Kilic，2007）。基於此，本書提出以下假設：

H6：工作—家庭支持在基本心理需求和員工留任之間起調節作用。

3.2.7 研究假設匯總（見表3-6）

表3-6　　　　　　　　　本研究假設匯總表

假設序號	假設內容	假設性質
H1	雇主品牌對員工留任有正向影響	驗證性
H1a	雇主品牌與組織忠誠正相關	開拓性
H1b	雇主品牌與離職傾向負相關	驗證性
H1c	雇主品牌與工作倦怠負相關	開拓性
H2	雇主品牌與基本心理需求正相關	驗證性
H2a	雇主品牌與員工自主需求正相關	開拓性
H2b	雇主品牌與員工勝任需求正相關	開拓性

表3-6(續)

假設序號	假設內容	假設性質
H2c	雇主品牌與員工關係需求正相關	開拓性
H3	基本心理需求與員工留任正相關	驗證性
H3a	自主需求與工作倦怠負相關	驗證性
H3b	自主需求與離職傾向負相關	開拓性
H3c	自主需求與組織忠誠正相關	驗證性
H3d	勝任需求與工作倦怠負相關	驗證性
H3e	勝任需求與離職傾向負相關	開拓性
H3f	勝任需求與組織忠誠正相關	驗證性
H3g	關係需求與工作倦怠正相關	開拓性
H3h	關係需求與離職傾向負相關	驗證性
H3i	關係需求與組織忠誠正相關	驗證性
H4	基本心理需求在雇主品牌與員工留任之間起仲介效應作用	開拓性
H5	破壞性領導在雇主品牌與基本心理需求之間起調節作用	開拓性
H6	工作—家庭支持在基本心理需求和員工留任之間起調節作用	開拓性

3.3 小結

本章主要是在文獻綜述的基礎上，以自我決定理論爲理論基礎，通過雇主品牌、員工留任、基本心理需求、領導風格和工作—家庭支持等構念內部的邏輯關係，利用社會交換理論、心理契約理論等找出各變量間的關係，提出了本研究的概念模型，並對研究變量的內涵和量表進行了界定。本研究在概念模型的基礎上，提出了兩兩變量間的研究假設。本研究找到了雇主品牌對員工留任影響的仲介效應和調節效應，分別是基本心理需求在雇主品牌對員工留任之間的仲介效應，破壞性領導風格在雇主品牌與基本心理需求之間的調節效應，工作—家庭支持在基本心理需求與員工留任之間的調節效應。本書假設中雇主品牌與員工留任爲驗證性假設，其余假設均爲開拓性假設。具體研究假設匯總圖如圖3-2所示。

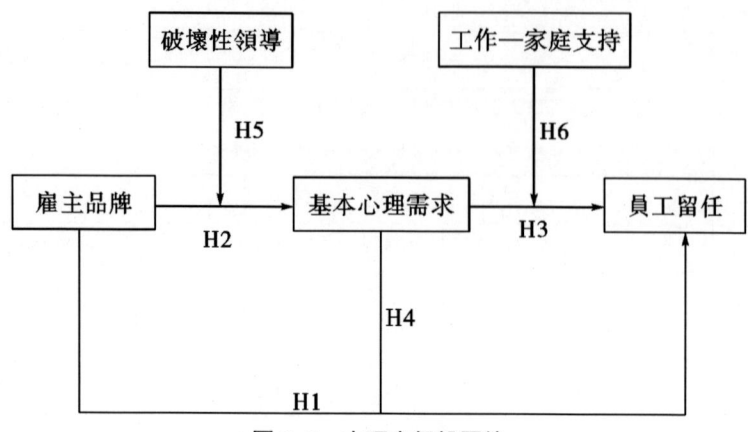

圖 3-2　本研究假設匯總

4 研究方法與數據分析

我們通過對國內外文獻的分析和梳理，初步瞭解了員工視角下的雇主品牌感知情況，建立了雇主品牌與員工留任關係的概念模型，並提出了研究假設。為了更好地獲得員工視角下的雇主品牌感知情況以及深入探討中國企業雇主品牌如何影響員工留任，本研究認為只有直接接觸企業一線員工，才能夠獲取最真實的研究資料。因此，本研究通過深度訪談法對核心變量進行定性研究，利用問卷調查法收集小樣本和大樣本數據，對測量量表的信度和效度進行檢驗。

4.1 深度訪談法

深度訪談法（In-depth Interview Method）是一種常用的定性分析方法，應用於探索性和驗證性研究中。深度訪談主要有非結構化、半結構化兩種訪談形式。非結構化訪談表明調查的問題並不是預先設計好的，而是由調查員根據調查對象的最初回答、現場狀況、研究目的等自主決定詢問方式、詢問內容等。半結構化訪談則是根據一個粗略的訪問提綱進行訪問，訪談者可以針對現場情況靈活地調整提問方式和順序。相對於非結構化訪談，半結構化訪談更容易抓住主題，不至於使訪談漫無目的，適合訪談者在特定領域獲得相關信息。在半結構化訪談的流程方面，通常的做法是：首先根據訪談目標和訪談內容，由調查員先從一個一般性的問題問起，如「一談到雇主品牌，你可以想到些什麼」，然後鼓勵調查對象自由表達其想法，調查者再根據調查對象的回答以及訪談提綱來繼續接下來的提問（如員工可能回答「雇主品牌讓我想到了好的待遇」，這時調查員就可以繼續問「好的待遇會對你繼續待在這家企業有什麼影響呢」）。這樣既可以讓訪談對象暢所欲言，表達真實的想法，又可以兼顧訪談目的，加以引導以獲得想要的答案。值得一提的是，訪談中為了使訪談對象放下顧慮，更加真實的表達觀點，以便調查員更準確地把握其內心的真實想法和潛在動機，我們首先在訪談前跟員工強調，這次訪談僅僅是一次科學研究，談話的內容和談話的對象都是保密的，然後注意布置了周圍環境並先談論了一些輕鬆的話題，使訪談對象更加接近平時的狀態，最後在訪談過程中注意

訪問順序以及訪問方式，盡量避免訪談對象不便直接回答的問題，最終取得了理想的結果。但也要注意，深度訪談法對調查員的要求較高，訪問的結果受調查員的影響大，耗時耗力，且結果很難分析和解釋，不利於大樣本的定量研究。綜合考慮深度訪談法的優缺點，本研究採用半結構化深度訪談法這一方式進行初步的定性分析，以瞭解有關基本情況，揭示對相關問題的更深層次的看法，爲後續的大樣本定量研究打好基礎。

4.1.1 訪談目的

深度訪談的作用主要有三個：一是研究者通過深度訪談可以把雇主品牌研究的問題、目的和意義解釋得更加清楚；二是進一步驗證雇主品牌對員工留任的影響是否具有普適性，員工對雇主品牌的理解與本研究的內容是否一致；三是在訪談中，調查員與被訪者進行討論與溝通，增進對研究問題的認識和理解，消除研究盲點。本研究從國有企業、民營企業、外資企業三類典型企業中，找到有一定工作經驗的員工爲樣本，採用深度訪談的方法以驗證模型的合理性及相關構念的效度。具體要達成的訪談目的包括：

（1）進一步探究雇主品牌的內涵、方式、特徵。

（2）深入探索雇主品牌對員工留任的影響是否具有顯著的預測作用，特別是驗證員工層面的心理動機和其基本心理需求滿足的情況的可預見性，以幫助進一步檢驗本研究的理論模型。

爲了保證訪談的成功開展和訪談內容結果的有效性，本研究在深度訪談前進行了細緻的準備工作。首先，對雇主品牌等構念的測量量表進行梳理、歸納和提煉，形成半結構式的訪談提綱；其次，對部分具有豐富組織工作經驗的朋友和同學進行了個別訪談，聽取他們對訪談提綱的意見和建議；再次，請教相關專業老師和專家，聽取他們對訪談各項事宜的意見和建議；最後實施訪談。

4.1.2 訪談對象選取

在對被訪談者樣本的甄選過程中，要借鑑科學研究的程序和經驗，並且遵循以下三條原則：第一，參與者具有一定的代表性，或者說參與者所處的行業或企業具有代表性，能夠提供訪談內容並提高訪談結論的外部效度；第二，參與者要對所討論的事物和主題有充分的經驗或者經歷（Naresh K. Malhotra, 2006），對於雇主品牌及相關的內容具有豐富的經歷；第三，參與者不應該包括企業的老總或者實際控制人，因爲與本研究內容不相符。根據以上三條原則，本研究主要的訪談對象重點選取有一定工作經驗的員工，要求其談及本人對於其單位在雇主品牌建設中的認知、經歷、經驗及體會，以及現階段在本單位工作的狀態。訪談對象信息如表4-1所示。

表 4-1　　　　　　　　　訪談對象信息表

訪談編號	訪談對象	企業性質	工作崗位	性別	工作年限	收集方式
1	蘭*	民營企業	市場行銷	男	2	訪談記錄
2	潘**	民營企業	研發部門	男	8	訪談記錄
3	許**	民營企業	人力資源管理	女	6	訪談記錄
4	盧*	民營企業	財務管理	女	7	訪談記錄
5	彭**	民營企業	行政管理	女	10	訪談記錄
6	王**	外資企業	人力資源管理	女	3	訪談記錄
7	徐**	外資企業	行政管理	女	8	訪談記錄
8	曾**	外資企業	財務管理	男	13	訪談記錄
9	鐘**	外資企業	生產管理	男	5	訪談記錄
10	馮**	國有企業	人力資源管理	女	3	訪談記錄
11	周**	國有企業	行政管理	女	8	訪談記錄
12	黃*	國有企業	財務管理	男	13	訪談記錄
13	李**	國有企業	生產管理	男	5	訪談記錄

4.1.3　訪談資料收集

本研究通過深入訪談，認真整理訪談內容，得到了員工對所在單位雇主品牌、自身目前工作狀況、自身目前所處工作環境等方面的信息，從而概括出雇主品牌的內涵與結構維度以及員工選擇留任的影響因素，進而爲研究探討基本心理需求滿足對員工留任的影響機制以及領導風格和工作—家庭支持如何影響員工留任奠定了基礎。根據所建模型，我們在訪問中認真深入地討論了所選取變量之間的關係，以盡可能多地發現變量之間的作用機制，從而對已有假設提供支持以及增加新的潛在假設。這種討論尤其對仲介變量的設定和調節變量的選擇有很大幫助。下面詳細介紹訪談內容。

（1）針對雇主品牌內涵的理解，本研究採用深度訪談法的形式獲得有關信息。本研究使用了三種訪談技術，即字詞聯想、講品牌故事和問題討論來確定員工對雇主品牌內涵的理解。字詞聯想是指讓參與者以「雇主品牌」一詞爲中心盡可能多地自由聯想，從而瞭解員工對雇主品牌的全面感知。講品牌故事是指讓參與者講述自己與雇主品牌之間的聯繫，從中描繪出員工對雇主品牌的認知和情感。問題討論是指參與者對問題提綱上的問題進行問答，以深入地瞭解參與者對雇主品牌內涵的理解。

（2）針對員工留任的影響因素，本研究採用半結構化的訪談形式。訪談

内容包括以下幾個方面：當你感覺想離開你目前所在單位時，可能的原因是什麼？又是什麼原因讓你留了下來？（分維度——離職傾向）；當你感覺工作沒有意義或者很無趣的時候，可能的原因是什麼？又是通過什麼方式調整的呢？（分維度——工作倦怠）；你會不會有時候感覺工作特別有意思，特別想完成某項工作或者任務，描述一下這些工作或者任務，並說說它有什麼吸引你的地方？（分維度——組織忠誠）。

（3）針對雇主品牌對員工留任的影響。員工處在不同工作階段會產生不同的工作狀態，而這些工作狀態會體現出其對工作或者本企業的認識和情感，而且在一定程度上反應出員工基本心理需求程度的不同。訪談中，我們詢問了訪談對象對目前雇主的看法，對目前心理需求的滿足情況是否滿意，在工作中滿意與不滿意的地方等。在資料的整理過程中，我們發現許多困難和挑戰來自於員工的心理層面的不滿足。領導風格和工作—家庭支持會不同程度地影響員工對工作狀態的認知。這些發現都爲模型的驗證奠定了良好的基礎。

另外在訪談的過程中，我們盡量做到三要三不要。三要：一要選擇被訪者覺得舒適的地點，比如辦公室、家中、咖啡館等安靜的場所，使訪談不易被打擾；二要積極鼓勵參與者與訪談者積極互動，激勵參與者提供更多更豐富的信息；三是訪談結束後，要立即就受訪內容進行討論、整理，防止信息遺失。三不要：一是不要誘導性問題及簡短性回答，防止人爲干擾信息的準確性和獨立性；二是不要訪談時間過長，爲保證訪談的效果，每個受訪者的受訪時間控制在 40～50 分鐘；三是不要加入研究者主觀的認識，對個別含糊不清的構念或者回答，可對受訪者進行追問。

值得一提的是，我們在訪談時並不是按照訪談提綱的問題順序依次提問的，而是按照訪談目的以及訪問對象的回答，靈活調整提問方式和順序（詳細訪談提綱見附錄1）。

4.1.4 訪談資料整理

本研究採用傳統的內容分析方法對定性材料進行分析。內容分析方法包括以下四個步驟：第一步是對樣本材料進行篩選，剔除無效的與本研究無關的信息；第二步是制定編碼分類系統，確定編碼方案是成功分析內容的關鍵；第三步是在整理訪談內容時，我們以完整意義的句子作爲歸類整理的最小單位，對訪談內容進行編碼處理；第四步是匯總整理，並進行概念化的分析（Insch, et al., 1997）。

在具體執行這一過程時，我們邀請了兩名不熟悉本研究的研究生，告知他們可能涉及的變量，並對這些變量做了一定的解釋。爲了盡可能保證我們都是基於同一個變量內涵進行分類，我們特別將這些變量的測量量表提供給他們，再讓他們單獨對訪談內容進行分類整理。最後我們將這三種分類結果進行對

比，對其中有分歧的部分進行共同探討，詳細聽取各方的意見，對一些內容重新提取核心要素後再歸類，最後形成一致結果。

這樣做首先可以確保我們的歸類標準基本是一致的，然後我們在此基礎上考慮兩名研究生的分類結果，以修正我們先入爲主的偏見。之所以選取兩名研究生，是爲了讓他們相互對比，從而確認他們的分類標準是否一致。如果他們的分類結果差距大，（則）可能是由於我們在給他們解釋這些變量時存在問題，需要讓他們重新歸類整理。結果表明，他們的分歧（不同歸類語句數量/語句總數）在5%左右，分類基本是一致的，可以認爲給他們的分類標準是基本一致的。然後將他們的分類結果與我們的分類分別進行比較，分歧均小於10%，可以認爲三種分類均是在同一標準下進行的。表4-2是最終歸類結果以及要素提煉。

表 4-2　　　　　　　　訪談資料匯總表（簡）

變量	原話再現	提取要素
雇主品牌	「企業對我還不錯，領導同事人都很好，壓力也沒那麼大，感覺比較舒服，沒考慮過離開」 「我覺得待在這裡很不錯，當初選這個企業就是感覺這個企業待遇好，而且剛好專業也對口」 「其實，怎麼說呢，工資待遇比這好的工作還很多，但（我）還是選擇跳槽來這裡，主要就是（當時）考慮到，在這邊可能有更大的空間吧」 「老板是我們當地人，我們也有很多人在這上班，離家近，照顧孩子也比較方便，暫時還沒考慮過其他單位」 「我之所以現在這個企業，是因爲當時（這個）公司在西南就已經很出名了，感覺（這個公司）很有發展潛力，最主要的是可以（在公司裡）學到很多東西」	人際關係 薪酬待遇 自我發展 工作家庭 品牌名聲
基本心理需求	「上面會給一些任務，但具體完成基本都是（我們）自己決定，還是比較好」 「一開始是跟著別人干，有時候就感覺自己的一些想法和別人不大一樣，（所以）現在我自己搞了一個項目，很多東西都是自己在做」 「工作有一點難度，但上級都會給我們支持，而且完成後感覺很有成就感」 「我當時選擇這個工作就是感覺自己也還算年輕，想闖一闖，這邊空間比較大，可以發揮自己的特長」 「我們公司規模比較小，大家基本都相互認識，關係都很好，也經常在一起吃飯，就像一個大家庭」 「可能是領導和我一樣，都是一個母親，人很溫柔，對人很好。同事關係也不像其他地方，反正大家都挺好的，可能是由於我們公司的壓力比較小吧」	自主需要 勝任需要 關係需要

表4-2(續)

變量	原話再現	提取要素
員工留任	「我是從一開始就待在這個公司的，公司對我也不錯，前年派我出去學習，最近又讓我負責了一個項目，不會考慮離職」 「目前沒打算換地方，公司裡很多人我都認識，大家都是一起出來的，都有感情了，換個地方不說待遇，就是沒朋友說話，感覺也受不了啊」 「和公司簽了合同，而且在公司也工作了這麼久，不是說轉就能轉的」 「目前沒有跳槽的打算，一是沒看到好的企業，二是現在還在等上面的消息（升職），但如果有更好的企業，還是會考慮的」 「公司待遇不算高，但還可以，最主要是我和老婆兩個都在這上班，房子也買在這邊的，你說辭職要找個附近的（工作）也比較難」 「公司近幾年發展比較快，引進了很多碩士生和博士生，還有些國外名校畢業生，感覺自己有點跟不上，很多工作做起來也很吃力，正考慮換個壓力小點的、工作輕鬆點的（工作）」	組織忠誠 離職傾向 工作倦怠
破壞性領導	「（公司）總體感覺不錯，就是目前和主管關係不大好，不光是我，我們幾個同事都說這主管可能心理上有點問題，反正我已經（跟公司）反應了，實在得不到解決就考慮換個企業」 「領導比較挑剔，感覺就是在故意挑刺，而且他聲音又大，整層樓都聽得到，讓我很煩，但其他同事就沒這個事」 「領導上班的時候經常不在，也不怎麼管事，（弄得）我們的事情也　一直被拖著」 「一開始進這個企業（感覺）還不錯，就是現在換了個領導，估計是老板的親戚，沒啥能力，就是瞎指揮，今天一套，明天一套，還喜歡擺架子，最主要是有點記仇，感覺待不下去了」	領導關係不好 領導負面評價 領導消極怠工 領導濫用權力
工作—家庭支持	「雖然目前的工作不順心，但她還是不斷鼓舞我，讓我堅持下去」 「我工作需要經常出差和加夜班，就感覺有點對不起她，但她還是很理解我，家裡基本上就是她在照顧」 「我和我老公都是搞財務的，只是為了照顧小孩，沒在一個公司，平時不懂的都是問他」	家庭支持

註：括號內的內容為筆者添加，以方便理解；聽取訪談錄音的時候，在保證不改變句子意義的基礎上，出於語句通暢的考慮，筆者對部分語句的個別字進行了調整。

　　首先，通過對以上資料的分類、整理和提取加工，筆者初步發現表現較好的企業（好的雇主品牌）的員工有較強的留任意願（員工留任），如：「企業對我還不錯，領導、同事人都很好，壓力也沒那麼大，感覺比較舒服，還沒考

慮過離開」。這表明僅從訪談結果來看，可以認爲雇主品牌對員工留任確實有影響，這初步驗證了本研究理論模型的主效應。其次，我們還發現員工在具體談及對企業行爲的感受時，常出現「自己決定」「有成就感」「氣氛好」等類似語句，而這些積極的心理體驗往往是由雇主的積極行爲所引起並和較強員工留任意願結合在一起的。結合自我決定理論，我們可以認爲企業行爲能夠通過滿足員工的基本心理需求對員工留任產生影響，這就表明員工的基本心理需求對雇主品牌和員工留任起到了仲介作用，這初步驗證了本研究理論模型的仲介效應。再次，我們發現即使是總體看來有積極行爲的企業（優秀雇主品牌），如果領導採取了破壞性領導，最終還是會導致消極的員工心理體驗；與此相似的還有工作—家庭支持，我們發現許多員工儘管對目前的工作狀態不是很滿意，心理體驗也並不是積極的，但在家庭成員的支持和鼓勵下，還是表現出了較強的留任意願。這和我們在前面的定性認識（好的雇主品牌導致好的員工心理體驗和較強的員工留任意願）有差別。考慮到這種差別，我們可以認爲破壞性領導和工作—家庭支持這兩個變量起到了調節作用。而對於其他的因素，如公僕型領導相關因素等則沒有在此訪談中表現出這種影響。最後，由於可能的仲介變量數目較多，不能一次全部驗證，而本次訪談直接揭示的只有這兩個變量，最終本研究決定不對模型的仲介變量進行調整，而只驗證這兩個變量的調節作用，將其餘可能的變量留待其他研究去驗證。

4.2 預調研：問卷調查法

1. 問卷設計

本研究問卷中各變量的題項全部來自國外的成熟量表，在甄選的過程中，主要依據以下的原則和步驟：①針對國外成熟量表，如雇主品牌，首先採用直接翻譯的方法形成中文題項，再讓英語專業的兩位大學教師回譯成英文後與原文進行比照，反覆這一過程直至問題清楚明了且回譯結果與原文相差無幾，針對已經被研究者使用的外文量表中文版，如破壞性領導、員工留任的量表，我們在考察相關研究中各量表的信效度後決定先不做修改，直接納入問卷；②對經過以上方法形成的初步問卷進行第一次測試以檢驗問卷的合理性；③與領域內專家進行討論，對涵義不清的題項重新表述，對個別題項，根據測試結果以及研究目的進行刪除，從而形成了新的問卷；④反覆上述的②③步驟，直至問卷各題項表述清楚，設置合理；⑤最終形成正式問卷用於研究。

我們通過以上的過程，形成了本次研究的初始問卷。爲使問卷的題項更好地反應出本研究的需要，同時避免問卷的語言在面對調查對象時出現表述不清、涵義模棱兩可、難以讀懂等情況，也爲了使問卷的題項表達更加簡潔明

瞭，更加符合中國人的閱讀習慣，本研究特邀請多名專家以及樣本代表參與此次問卷題項修改。他們逐題閱讀問卷，一旦發現有不能立即對問題作答的情況，我們就將對此情況進行仔細研討，以確定是否是問卷題項設置問題。通過反覆這一過程，我們對其中的部分題項進行修訂直至參與人員均能順利地理解題項意思並作答。以上方法，使整個問卷的表達習慣更統一，表達內容更清晰，表達風格更簡潔。此外，爲了判斷問卷填答者的回答態度及質量，問卷中往往會設置一些反向題以及同一觀點的正反說法，當出現反向題與周圍正向題得分幾乎一致或者是同一觀點的正反說法得分幾乎一致的情況時，我們就要仔細判別該份問卷的質量並決定是否加以採用。本研究爲了保證數據質量，一律將出現此問題的問卷視爲無效問卷。

初始問卷包括三部分，第一部分是標題和指導語，包括自我介紹以及強調調查目的，並表明本問卷只爲學術研究用。爲使調查對象放下戒心，盡可能接近平時的狀態，我們在指導語中特別說明「答案不分對錯」，只是瞭解情況，用於學術研究，並在填寫前向其強調問卷內容不涉及姓名等私人隱私，請放心作答，以盡可能得到真實的答案。最後我們對問卷中的數字進行解釋和說明：問卷中①表示「非常不同意」、⑤表示「非常同意」、③表示態度在「非常不同意」和「非常同意」中間，使調查對象明白各答案的涵義，便於準確作答。第二部分和第三部分則是按照題項的重要性進行分別排序，即第二部分是用於測量本研究涉及的各變量的量表，這主要是考慮到問卷的長度，因爲答題時間越長，被調查者就越缺乏耐心，第三部分是樣本的人口統計特徵。

2. 抽樣對象的確定

抽樣對象的選擇主要依託筆者的社會聯繫，通過面向具有良好的自我認知、能夠充分表達出個人的工作狀態的員工發放，具體的調查數據來自於四川成都、重慶、北京、遼寧沈陽、江西南昌、廣東深圳等地區。我們通過問卷瞭解員工對雇主品牌、基本心理需求、工作倦怠、離職傾向等現狀的認識，考慮到離職傾向、工作倦怠等變量針對的是在職工作者，故本研究把具有正式工作的員工確定爲研究對象。

3. 抽樣方法與過程

抽樣方法主要包括概率抽樣和非概率抽樣兩種方法（Naresh K. Malhotra，2006）。非概率樣本雖然可以較好估計總體特徵，但是由於沒有方法能確定將任一特定總體選入樣本的概率，其所獲得的估計在統計上不能反射到總體。由於員工群體實在太過巨大，如果採取隨機抽樣則勢必涉及全國各種形式組織的員工，在時間、經濟、精力等成本上耗費巨大，故本研究最終採取了便利抽樣與滾雪球抽樣相結合的方式，以期驗證總體存在的一些特徵，但對這些特徵在總體中占比情況的推論要謹慎做出。簡而言之，非概率抽樣可以通過樣本情況揭示總體中有某種特徵，但無法揭示總體中各種特徵的構成情況。

滾雪球抽樣的核心在於選出一組最初的調查對象後，在調查後要求這些調查對象推薦一些屬於目標總體的其他人，然後運用同樣的方法推薦選出後面的被訪者。這一過程可以重複下去，從而形成一個「滾雪球」的效應。綜合來看，結合這兩種方法的抽樣並不是研究總體的良好代表，故研究者在從樣本結論推廣到總體的過程中應該審慎地考慮，避免以偏概全的錯誤。

4. 小樣本數據收集

本研究主要依託問卷星網站進行問卷發放，首批問卷向 30 位畢業於西南財經大學的校友發放，這屬於便利抽樣，同時讓這些校友向五名他的朋友或者同事轉發問卷星的網上連結，並完成問卷，他們推薦的人可能是與他們類似的人，這屬於滾雪球抽樣。由於預調研的樣本只需要 150 份即可，因此問卷星設置了問卷樣本採集的數量的上限為 150 份和填寫時間的限制。最終回收的有效問卷為 127 份，回收樣本有效率為 84.67%。我們直接從問卷星中導出 Spss 格式的數據，並將樣本中 17 個反向措辭的問項反向計分，整理出預調研數據。

4.3 小樣本數據分析

4.3.1 小樣本概況

小樣本基本人口統計特徵見表 4-3。

表 4-3　　　　　　人口統計特徵（N = 127）

變量	編碼	標籤	人數（人）	百分比（％）
性別	1	男	48	37.8
	2	女	79	62.2
年齡	1	25 歲以下	18	14.2
	2	26~30 歲	54	42.5
	3	31~35 歲	6	26.8
	4	36~40 歲	7	4.7
	5	41~45 歲	8	5.5
	6	46 歲以上	17	6.3
學歷	1	博士	12	9.4
	2	碩士	52	40.9
	3	本科	46	36.2
	4	本科以下	17	13.4
婚姻狀況	1	未婚	51	40.2
	2	已婚	76	59.8

表4-3(續)

變量	編碼	標籤	人數（人）	百分比（%）
職位級別	1	高層管理人員	5	3.9
	2	中層管理人員	19	14.2
	3	基層管理人員	31	24.4
	4	普通員工	73	57.5
企業工齡	1	1年以下	29	22.8
	2	1~3年	50	39.4
	3	4~6年	15	11.8
	4	7~10年	19	15
	5	11年以上	14	11
單位性質	1	國有企業	37	29.1
	2	民營企業	38	29.9
	3	中外合資企業	2	1.6
	4	外商獨資企業	4	3.1
	5	科研院校	16	12.6
	6	政府機關	9	7.1
	7	事業單位	16	12.6
	8	其他	5	3.9
合計			127	100

4.3.2 小樣本的信度和效度分析

1. 問卷的信度分析

對一個多項量表的準確性和可應用性進行評價涉及對量表的信度、效度的評價（Naresh K. Malhotra，2006）。信度是指根據測驗工具所得到結果的一致性和穩定性。這表明一個值得信賴的量表首先是測量隨機誤差小的，對同一對象的測量結果是處在一個穩定的範圍內的，這是由所測特性在一定的時間段內是幾乎不變的假定所決定的。如物理上測量長度，一個物體在短時間內的幾次測量結果應該相差不大，如 10.1 厘米、10.0 厘米、9.9 厘米，這樣的測量誤差就很小，我們就有理由認為其數值是可信的；如果幾次的測量結果分別是 5 厘米、10 厘米、15 厘米，其誤差很大，我們就有理由認為這些數值是不可信的。僅有信度是不夠的，還需要確保測量各變量的量表題項既要覆蓋變量的所有內涵同時比例恰當，又不能測量無關的內容，即要對量表的效度進行判斷。

在信度方面，本研究主要結合修正的項目總相關係數（Corrected-item Total Correlation，CITC）和 Cronbach α 系數進行分析，從而進一步確定量表題項，使測量結果更為可信。修正的項目總相關係數為每一題項得分與其他題項加總後

(不含該題項)得分的相關係數。若此相關係數過低,則可以考慮刪除該題項。一般而言,該係數低於 0.5 時,就可以考慮是否刪除該題項;但吳明隆指出該係數低於 0.4 時,才表示該題與其餘題項爲低度相關。本研究取上限值與下限值,低於 0.3 直接刪除,當該值小於 0.5 時,就應該結合其餘信息仔細考慮。

此外,一般說來,Cronbach α 系數隨量表題項數的增加而增大。但當某一題項與其餘題項所測心理特質並不一樣時,刪除該題後 Cronbach α 系數反而會增大,這可以作爲一個判斷是否刪除題項的輔助標準。

(1) 雇主品牌的信度分析(見表 4-4)

表 4-4　　　　　　　　雇主品牌的信度分析

變量	操作變量	修正的項目總相關係數	刪除該題項後的 Cronbach α 值	Cronbach α 值
雇主品牌	GZPP1	0.577	0.9684	0.919
	GZPP2	0.602	0.967	
	GZPP3	0.542	0.969	
	GZPP4	0.397	0.974	
	GZPP5	0.462	0.972	
	GZPP6	0.623	0.975	
	GZPP7	0.741	0.962	
	GZPP8	0.457	0.981	
	GZPP9	0.616	0.962	
	GZPP10	0.636	0.935	
	GZPP11	0.598	0.981	
	GZPP12	0.585	0.933	
	GZPP13	0.648	0.932	
	GZPP14	0.619	0.806	
	GZPP15	0.308	0.946	
	GZPP16	0.494	0.923	
	GZPP17	0.655	0.949	
	GZPP18	0.768	0.928	
	GZPP19	0.792	0.924	
	GZPP20	0.699	0.941	
	GZPP21	0.705	0.94	
	GZPP22	0.4	0.989	
	GZPP23	0.324	0.928	
	GZPP24	0.503	0.964	
	GZPP25	0.333	0.967	

从以上雇主品牌的信度分析可以看出，Cronbach α 值爲 0.919。该值大於 0.9，这说明以上变量之间存在较高的内部一致性。但其中 GZPP4、GZPP5、GZPP8、GZPP15、GZPP16、GZPP22、GZPP23、GZPP25 的 CITC 值小於 0.5，且删除该题项后的 Cronbach α 值大於 0.919，依据判别规则，这些题项应该予以删除。针对 GZPP24 这一题项，考虑到修正的项目总相关系数接近 0.5，且删除该题项后的 Cronbach α 值增加了 0.045（0.964-0.919），变化明显，综合考虑决定删除该题项。剩下的题项均得到了保留。

（2）基本心理需求的信度分析（见表 4-5）

表 4-5　　　　　　　　基本心理需求的信度分析

二级变量	操作变量	修正的项目总相关系数	删除该题项后的 Cronbach α 值	层面的 Cronbach α 值	Cronbach α 值
自主需求	ZZXQ1	0.537	0.777	0.881	0.802
	ZZXQ 2	0.562	0.774		
	ZZXQ 3	0.566	0.773		
胜任需求	SRXQ1	0.437	0.790	0.815	
	SRXQ 2	0.428	0.793		
	SRXQ 3	0.484	0.784		
关系需求	GXXQ1	0.458	0.787	0.832	
	GXXQ2	0.478	0.785		
	GXXQ3	0.503	0.782		

根据表 4-5，基本心理需求的 Cronbach α 值爲 0.802，大於 0.8，信度指标佳，表明变量内部一致性很高，所有变量的修正的项目总相关系数均大於 0.4，且删除该题项后的 Cronbach α 值均小於 0.802，故所有题项均得到了保留。

（3）員工留任的信度分析（見表4-6）

表4-6　　　　　　　　　員工留任的信度分析

二級變量	操作變量	修正的項目總相關係數	刪除該題項後的Cronbach α 值	層面的Cronbach α 值	Cronbach α 值
工作倦怠	GZJD1	0.695	0.807	0.941	0.830
	GZJD2	0.610	0.811		
	GZJD3	0.657	0.808		
	GZJD4	0.797	0.801		
	GZJD5	0.690	0.806		
	GZJD6	0.717	0.804		
	GZJD7	0.751	0.803		
	GZJD8	0.714	0.808		
	GZJD9	0.739	0.804		
	GZJD10	0.666	0.810		
組織忠誠	ZZZC1	0.655	0.849	0.857	
	ZZZC2	0.768	0.828		
	ZZZC3	0.792	0.824		
	ZZZC4	0.699	0.841		
離職傾向	LZQX1	0.560	0.814	0.875	
	LZQX2	0.591	0.812		
	LZQX3	0.614	0.810		
	LZQX4	0.538	0.815		

從員工留任的信度分析結果可以看出，員工留任的 Cronbach α 值爲 0.830，信度指標佳，表明變量的內部一致性很高，且所有變量的修正項目總相關係數均大於 0.5，故所有題項均得到了保留。

（4）破壞性領導的信度分析

破壞性領導的信度分析結果如表4-7所示。

表4-7　　　　　　　　　破壞性領導的信度分析

名義變量	操作變量	修正的項目總相關係數	刪除該題項後的Cronbach α 值	Cronbach α 值
破壞性領導	PHLD1	0.834	0.945	0.951
	PHLD2	0.896	0.935	
	PHLD3	0.893	0.935	
	PHLD4	0.850	0.943	
	PHLD6	0.855	0.942	

從破壞性領導的信度分析結果可以看出，Cronbach α 值爲 0.951。該值大

於 0.9，這意味著該變量擁有較高的內部一致性。所有變量的修正項目總相關係數均大於 0.5，且所有題項刪除該題項後的 Cronbach α 值均小於 0.951，故所有題項均得到了保留。

（5）工作—家庭支持的信度分析

工作—家庭支持的信度分析如表 4-8 所示。

表 4-8　　　　　　　　　工作—家庭支持的信度分析

名義變量	操作變量	修正的項目總相關係數	刪除該題項後的 Cronbach α 值	Cronbach α 值
工作—家庭支持	QGZC1	0.329	0.879	0.871
	QGZC2	0.789	0.842	
	QGZC3	0.786	0.841	
	QGZC4	0.785	0.843	
	QGZC5	0.617	0.857	
	QGZC6	0.802	0.841	
	GJZC1	0.348	0.874	
	GJZC2	0.318	0.877	
	GJZC3	0.745	0.845	
	GJZC4	0.370	0.874	

從表 4-8 可以看出，變量工作—家庭支持的 Cronbach α 值爲 0.871，這意味著該變量擁有較高的內部一致性。其中的 QGZC1、GJZC1、GJZC2 和 GJZC4 題項的修正的項目總相關係數小於 0.5，且刪除 QGZC1 題項後，量表的 α 值將上升至 0.879；刪除 GJZC1 題項後，量表的 α 值將上升至 0.874；刪除 GJZC2 題項後，量表的 α 值將上升至 0.877；刪除 GJZC4 題項後，量表的 α 值將上升至 0.874。根據本研究所採取的規則，刪除了 QGZC1、GJZC1、GJZC2 和 GJZC4 題項，剩下的題項均得到了保留。

2. 效度分析

效度（Validity）不是系統誤差或者隨機誤差（Naresh K. Malhotra, 2006）。完美的效度要求沒有測量誤差。考慮效度時通常需要考慮內容效度、結構效度、聚合效度、區分效度。這是由於在測量時，我們需要根據被訪者對各個題項的反應，得出一個分數，作爲對所測量變量的估計。但在得出這一分數前，我們必須確認這些題項的確反應了同一個變量，這時所得出的分數才是有意義的。測量指標的單一維度性是我們測量理論中一個最爲基本和關鍵的假設（Gerbing, Anderson, 1988）。即在使用量表前，我們可以通過探索性因子分析評價測驗的內部結構。首先通過計算 KMO 值和巴特利球形檢驗值來判斷，即 KMO 值越大（至少>0.5），巴特利球形檢驗值顯著時（<0.001），題項間相關係數顯著不爲零，題項

之間相關性高，表明可能存在共同的因子（即量表所涉及的變量），這個時候分析題項間的內部結構是有意義的，適合進行因子分析。其次通過主成分法提取初始特徵值大於 1 的因子（Kaiser，1960），如果題項能夠按照我們量表的初始設定聚合在一起，即各個因子的題項均與我們量表各變量包含的題項重合，且其因子載荷量在所在因子上大於 0.5，同時在其他因子上的因子負荷小於 0.5，則表示該測驗的內部結構很清楚，量表的結構效度高。

（1）雇主品牌的效度分析

對雇主品牌的效度分析應該在刪除題項 GZPP4、GZPP5、GZPP8、GZPP15、GZPP16、GZPP22、GZPP23、GZPP24、GZPP25 以後進行，我們通過對剩余題項進行探索性因子分析，得到結果爲：KMO 檢驗值爲 0.940，大於 0.9，遠大於 0.5，巴特利球形檢驗值爲 0.000。這表明其非常適合進行因子分析。雇主品牌的總方差解釋如表 4-9 所示，雇主品牌各操作變量的因子載荷如表 4-10 所示。

表 4-9　　　　　　　　雇主品牌的總方差解釋

成分	初始特徵值			提取成分後的特徵值		
	特徵值	解釋方差百分比（%）	累計解釋方差比例（%）	特徵值	解釋方差百分比（%）	累計解釋方差比例（%）
1	11.908	74.425	74.425	11.908	74.425	74.425

註：已省去特徵值小於 1 的成分。提取方法爲主成分分析法。

表 4-10　　　　　　　雇主品牌各操作變量的因子載荷

成分	共同因子
GZPP1	0.827
GZPP2	0.738
GZPP3	0.807
GZPP6	0.758
GZPP7	0.845
GZPP9	0.811
GZPP10	0.762
GZPP11	0.768
GZPP12	0.732
GZPP13	0.840
GZPP16	0.781
GZPP17	0.756

表4-10(續)

成分	共同因子
GZPP18	0.824
GZPP19	0.810
GZPP20	0.765
GZPP21	0.757

根據表4-9,只有1個因子的特徵值大於1,並且,該變量的方差解釋率為74.425%,大於70%。根據效度檢驗的相關原則,本研究認為經檢驗,雇主品牌這一變量具有良好的效度。同時,在檢驗過程中本研究未對提取的唯一因子進行轉置處理,這就表明該因子可以測量好雇主品牌。

(2)基本心理需求的效度分析

基本心理需求的總方差解釋如表4-11所示。

表4-11　　　　　　基本心理需求的總方差解釋

成分	初始特徵值			提取成分後的特徵值			轉置後的特徵值		
	特徵值	解釋方差百分比(%)	累計解釋方差比例(%)	特徵值	解釋方差百分比(%)	累計解釋方差比例(%)	特徵值	解釋方差百分比(%)	累計解釋方差比例(%)
1	3.521	39.125	39.125	3.521	39.125	39.125	3.521	39.125	39.125
2	1.780	19.777	58.902	1.780	19.777	58.902	1.780	19.777	58.902
3	1.599	17.765	76.667	1.599	17.765	76.667	1.599	17.765	76.667

註:已省去特徵值小於1的成分。提取方法為主成分分析法。旋轉方法為最大方差法。

基本心理需求各操作變量的因子載荷如表4-12所示。

表4-12　　　　基本心理需求各操作變量的因子載荷

操作變量	共同因子1	共同因子2	共同因子3
ZZXQ1	0.903		
ZZXQ2	0.964		
ZZXQ3	0.876		
SRXQ1			0.867
SRXQ2			0.807
SRXQ3			0.865
GXXQ1		0.870	
GXXQ2		0.912	
GXXQ3		0.763	

如表 4-11 所示，3 個因子共同解釋了基本心理需求的方差累計近 76.667%，說明基本心理需求有較高的構念效度。根據表 4-12，旋轉的結果比較理想。其中，題項 ZZXQ1~ZZXQ3 表示的共同因子是「自主需求」，SRXQ1~SRXQ3 表示的共同因子是「勝任需求」，GXXQ1~GXXQ1 表示的共同因子是「關係需求」。

（3）員工留任的效度分析

員工留任的總方差解釋如表 4-13 所示。

表 4-13　　　　　　員工留任的總方差解釋

成分	初始特徵值			提取成分後的特徵值			轉置後的特徵值		
	特徵值	解釋方差百分比（%）	累計解釋方差比例（%）	特徵值	解釋方差百分比（%）	累計解釋方差比例（%）	特徵值	解釋方差百分比（%）	累計解釋方差比例（%）
1	9.331	51.841	51.841	9.331	51.841	51.841	6.041	33.563	33.563
2	1.776	9.866	88.091	1.776	9.866	88.091	3.272	18.178	51.741
3	1.336	7.421	69.127	1.336	7.421	69.127	3.130	17.387	69.127

註：已省去特徵值小於 1 的成分。提取方法為主成分分析法。旋轉方法為最大方差法。

員工留任各操作變量的因子載荷如表 4-14 所示。

表 4-14　　　　　　員工留任各操作變量的因子載荷

操作變量	共同因子 1	共同因子 2	共同因子 3
GZJD1	0.710		
GZJD2	0.709		
GZJD3	0.745		
GZJD4	0.809		
GZJD5	0.686		
GZJD6	0.753		
GZJD7	0.756		
GZJD8	0.767		
GZJD9	0.731		
GZJD10	0.741		
ZZZC1		0.811	
ZZZC2		0.829	
ZZZC3		0.746	
ZZZC4		0.702	

表4-14(續)

操作變量	共同因子1	共同因子2	共同因子3
LZQX1			0.724
LZQX2			0.793
LZQX3			0.799
LZQX4			0.782

根據表4-13，3個共同因子共同解釋了員工留任的方差累計近69.127%。這就說明員工留任有較高的構念效度。根據表4-14，題項GZJD1~GZJD10代表的共同因子是「工作倦怠」，ZZZC1~ZZZC4代表的共同因子是「組織忠誠」，LZQX1~LZQX4代表的共同因子是「離職傾向」，這說明旋轉效果較好。

（4）破壞性領導的效度分析

破壞性領導的總方差解釋如表4-15所示。

表4-15　　破壞性領導的總方差解釋

成分	初始特徵值			提取成分後的特徵值		
	特徵值	解釋方差百分比（%）	累計解釋方差比例（%）	特徵值	解釋方差百分比（%）	累計解釋方差比例（%）
1	4.189	83.795	83.795	4.189	83.795	83.795

註：已省去特徵值小於1的成分。提取方法爲主成分分析法。

破壞性領導各操作變量的因子載荷如表4-16所示。

表4-16　　破壞性領導各操作變量的因子載荷

成分	共同因子
PHLD1	0.894
PHLD1	0.936
PHLD1	0.934
PHLD4	0.904
PHLD5	0.907

根據表4-15，只有1個因子的特徵值大於1。破壞性領導的方差解釋率爲83.795%，根據效度檢驗的相關原則，本研究認爲經檢驗，破壞性領導這一變量具有良好的效度。同時，在檢驗過程中本研究未對提取的唯一因子進行轉置處理，這就表明該因子可以測量好破壞性領導。

(5) 工作—家庭支持的效度分析

根據工作—家庭支持信度檢驗的結果，我們剔除 QGZC1、GJZC1、GJZC2 和 GJZC4 題項後做探索性因子分析，得到結果：KMO 值爲 0.899，大於 0.8，接近 0.9，巴特利球形檢驗值爲 0.000。

工作—家庭支持的總方差解釋如表 4-17 所示。

表 4-17 　　　　　　工作—家庭支持的總方差解釋

成分	初始特徵值			提取成分後的特徵值		
	特徵值	解釋方差百分比（%）	累計解釋方差比例（%）	特徵值	解釋方差百分比（%）	累計解釋方差比例（%）
1	4.511	75.183	75.183	4.511	75.183	75.183

註：已省去特徵值小於 1 的成分。提取方法爲主成分分析法。

工作—家庭支持各操作變量的因子載荷如表 4-18 所示。

表 4-18 　　　　　工作—家庭支持各操作變量的因子載荷

操作變量	共同因子
QGZC2	0.901
QGZC3	0.905
QGZC4	0.900
QGZC5	0.749
QGZC6	0.904
GJZC3	0.832

根據表 4-17，只有 1 個因子的特徵值大於 1，工作—家庭支持的方差解釋率爲 83.795%，根據效度檢驗的相關原則，本研究認爲經檢驗，工作—家庭支持這一變量具有良好的效度。同時，在檢驗過程中本研究未對提取的唯一因子進行轉置處理，這就表明該因子可以測量好工作—家庭支持。

4.4　共同方法偏差的檢驗

在研究中，如果測量情境和語境相同，且數據來源一致的話，將容易導致測量變量與效標變量的人爲共變，這種人爲產生的共變稱爲共同方法偏差（Common Method Biases，CMB）。共同方法偏差在心理學、行爲科學研究中廣

泛存在，尤其在問卷調查法中更明顯，已經引起研究學者的廣泛重視。行爲科學研究中，共同方法偏差作爲一種系統性誤差對研究結果產生誤導及混淆是廣泛存在的（Podsakoff, et al., 2003）。通常，降低共同方法偏差的做法有：對平衡測量題項進行順序安排，問卷的題項安排做到條理清晰、由淺及深；在問卷中設置反向題推測問卷的真實性；使被調查者匿名作答，減少被調查者對測量目的的猜度所有測量題項的探索性因子分析如表4-19所示，贏取問卷填寫者的支持和理解。①

所有測量題項的探索性因子分析如表4-19所示。

表4-19　　　　　　所有測量題項的探索性因子分析

成分	初始特徵值			提取成分後的特徵值		
	特徵值	解釋方差百分比（%）	累計解釋方差百分比（%）	特徵值	解釋方差百分比（%）	累計解釋方差百分比（%）
1	16.612	30.763	30.763	16.612	30.763	30.763
2	4.643	8.598	39.360	4.643	8.598	39.360
3	4.338	8.033	47.393	4.338	8.033	47.393
4	2.791	5.168	52.561	2.791	5.168	52.561
5	1.912	3.541	56.103	1.912	3.541	56.103
6	1.689	3.129	59.231	1.689	3.129	59.231
7	1.417	2.624	61.855	1.417	2.624	61.855
8	1.294	2.396	64.252	1.294	2.396	64.252
9	1.206	2.234	66.486	1.206	2.234	66.486
10	1.063	1.968	68.454	1.063	1.968	68.454

註：特徵值小於1的部分已略去；分析方法爲主成分分析法；其中反向題進行反向計分。

4.5　大樣本的數據收集與處理

本研究通過前文對小樣本進行信效度檢驗，並且根據檢驗結果對相關題項進行修正和刪減，經修正後的問卷已具有較高的信度和效度，滿足本研究之需要。進而，我們發布正式調研的問卷，進行大樣本的數據收集與處理。

---

① 劉軍. 管理研究方法、原理與應用 [M]. 北京：中國人民大學出版社, 2008.

4.5.1 大樣本抽樣

本研究大樣本抽樣採用非隨機抽樣的方法，按照如下程序進行發放：首先將整理好的正式問卷在問卷星網站上編輯好；然後同時向朋友、同學發放電子問卷；最後收集的問卷主要來自在四川、江西、新疆、廣東、遼寧、北京等地的被調查者。

4.5.2 樣本情況

大樣本描述性分析如表 4-20 所示。

表 4-20　　　　　　大樣本描述性分析匯總表（N=500）

變量	變量編碼	變量內容	人數（人）	百分比（%）
性別	1	男	204	40.8
	2	女	296	59.2
年齡	1	25 歲以下	79	15.8
	2	26~30 歲	195	39.0
	3	31~35 歲	139	27.8
	4	36~40 歲	40	8.0
	5	41~45 歲	30	6.0
	6	46 歲以上	17	3.4
學歷	1	博士	46	9.2
	2	碩士	211	42.2
	3	本科	184	36.8
	4	本科以下	59	11.8
婚姻狀況	1	未婚	201	40.2
	2	已婚	299	59.8
職位級別	1	高層管理人員	17	3.4
	2	中層管理人員	75	15.0
	3	基層管理人員	124	24.8
	4	普通員工	284	56.8
企業工齡	1	1 年以下	104	20.8
	2	1~3 年	178	35.6
	3	4~6 年	87	17.4
	4	7~10 年	67	13.4
	5	11 年以上	64	12.8

表4-20(續)

變量	變量編碼	變量內容	人數（人）	百分比（%）
單位性質	1	國有企業	149	29.8
	2	民營企業	135	27.0
	3	中外合資企業	12	2.4
	4	外商獨資企業	13	2.6
	5	科研院校	70	14.0
	6	政府機關	29	5.8
	7	事業單位	62	12.4
	8	其他	30	6.0
合計			500	100

本研究所採用的量表均來自於西方文化，雖經過標準的翻譯和回譯程序，但是將其直接應用於具有本土情境的組織實踐中，可能會存在不精確性，從而造成因子提取存在差異。本研究進行探索性因子分析與驗證性因子分析，以此決定因子數目，瞭解因子結構。

4.5.3　正式量表的信效度檢驗

在小樣本信效度分析的基礎上，我們對樣本進行信度和效度測試。表4-21顯示正式樣本的信效度情況，此表中因子載荷中的成分均爲旋轉後的因子載荷成分矩陣。

表4-21　　　　　正式樣本的信效度檢驗（N=500）

變量	子維度	測量題項	因子載荷 成分1	因子載荷 成分2	因子載荷 成分3	層面的Cronbach α值	Cronbach α值	KMO值	被解釋的方差（%）
雇主品牌	雇主品牌	GZPP1	0.827				0.923	0.940	74.425
		GZPP2	0.738						
		GZPP3	0.807						
		GZPP4	0.758						
		GZPP5	0.845						
		GZPP6	0.811						
		GZPP7	0.762						
		GZPP8	0.768						
		GZPP9	0.732						
		GZPP10	0.840						
		GZPP11	0.781						
		GZPP12	0.756						
		GZPP13	0.824						
		GZPP14	0.810						
		GZPP15	0.765						
		GZPP16	0.757						

表4-21(續)

變量	子維度	測量題項	因子載荷 成分1	因子載荷 成分2	因子載荷 成分3	層面的 Cronbach α值	Cronbach α值	KMO值	被解釋的方差(%)
工作—家庭支持	情感支持	QGZZ2	0.839			0.872	0.861		63.098
		QGZZ3	0.853						
		QGZZ4	0.841						
		QGZZ5	0.630						
		QGZZ6	0.850						
	工具支持	GJZZ3	0.727						
員工留任	工作倦怠	GZJD1	0.710			0.941	0.830	0.924	69.127
		GZJD2	0.709						
		GZJD3	0.745						
		GZJD4	0.809						
		GZJD5	0.686						
		GZJD6	0.753						
		GZJD7	0.756						
		GZJD8	0.767						
		GZJD9	0.731						
		GZJD10	0.741						
	組織忠誠	ZZZC1		−0.811		0.857			
		ZZZC2		−0.829					
		ZZZC3		−0.746					
		ZZZC4		−0.702					
	離職傾向	LZQX1			0.724	0.875			
		LZQX2			0.793				
		LZQX3			0.799				
		LZQX4			0.782				
破壞性領導	破壞性領導	PHLD1	0.854				0.929	0.871	78.113
		PHLD2	0.912						
		PHLD3	0.910						
		PHLD4	0.871						
		PHLD5	0.871						
基本心理需求	自主需求	ZZXQ1	0.903			0.881	0.802	0.746	76.667%
		ZZXQ2	0.864						
		ZZXQ3	0.876						
	勝任需求	SRXQ1			0.867	0.815			
		SRXQ2			0.807				
		SRXQ3			0.865				
	關係需求	GXXQ1		0.870		0.832			
		GXXQ2		0.912					
		GXXQ3		0.763					

資料來源：本研究整理

　　通過對各個構念的信效度檢驗，由表4-21可知，各個構念均有較好的信度和效度，適合做進一步的數據分析。

4.5.4 驗證性因子分析和組合信度

依據探索性因子分析的結果，本研究運用軟件 Lisrel8.7 進行驗證性因子分析（CFA）。根據研究的實際需要和研究特點，我們重點考察核心變量測量量表的聚合效度與判別效度。

1. 聚合效度與判別效度分析內容介紹

聚合效度（Convergent Validity）指測量題項得到的測量值是否存在較高的相關度，並顯示具有相同特質的題項是否會聚合到一個因素上面，以此反應測量方法的有效性。一般來講，量表的聚合效度檢驗可以採用驗證性因子分析（CFA）進行檢驗。具體而言，當潛變量的 CR（Composite Reliability）值大於 0.6 時，則說明模型的內在質量達到標準。潛變量獲取的平均萃取方差 AVE（Average Variance Extracted）能夠解釋有效變量變異值的比值，AVE 越大，越能夠有效反應其共同因素構念的潛在特徵。一般而言，以 0.5 作爲衡量標準，若 AVE 大於或等於 0.5，表明潛變量聚合效度較好，若 AVE 小於 0.5，則表明潛變量聚合效度不佳。其中，AVE 的計算方法如下：

$$\rho_V = \frac{(\sum \lambda^2)}{[(\sum \lambda^2) + \sum(\theta)]} = \frac{(\sum 標準化因素負荷量^2)}{[(\sum 標準化因素負荷量^2) + \sum(\theta)]} \quad ①$$

判別效度指使用同一個方法測量不同構念的相關度較低，這表示潛在構念與其他構念的相關度較低或者說存在較大的差異。一般而言，判別效度的檢測方法是對各個潛變量的 AVE 的平方根值和各構念之間的相關係數進行比較，如果結果顯示 AVE 值的平方根大於各構念的相關係數，則一般認爲各構念的判別效度較好（Fomell, Larcker, 1981）。

2. 模型適配性檢驗指標

本研究的潛在構念無法直接觀測，在驗證性因子分析進行效度分析過程中，結構方程分析可以提供契合程度的數據指標，進而可以根據這些指標對模型的契合程度進行評定，模型擬合的主要參數有 X^2/df，GFI，AGFI，NFI，CFI，RMSEA。具體的參考以及理想值標準如表 4-22 所示。

---

① 吳明隆. 結構方程模型——AMOS 的操作與應用 [M]. 重慶大學出版社，2009.

表 4-22　結構方程模型的整體適配度指標的標準值範圍

指標類型	擬合指標	參考標準	理想值標準	涵義
絕對擬合指數	χ^2/df	大於 0	小於 5，小於 3 更佳	卡方指數 χ^2 代表觀察矩陣與理論估計矩陣之間的不適配性，依賴樣本大小，通過相對擬合指數 χ^2/df 進行修正
	GFI（Goodness of Fit Index）	0~1	大於 0.9 或 0.85	理論方差、協方差能夠解釋觀測數據的方差、協方差的程度
	AGF（Adjusted Goodness of Fit Index）	0~1	大於 0.9 或 0.85	對 GFI 進行修正，減少樣本容量的影響
	近似誤差均方根 RMSEA	大於 0	小於 0.1，小於 0.05 更好	擬合殘差方差的平均值的平方根，是一種平均殘差方差
相對擬合指數	標準擬合指數 NFI	0~1	大於 0.9 或 0.85	理論模型相對於基準模型的卡方減少程度
	增量擬合指數 IFI	0~1	大於 0.9 或 0.85	對 NFI 修正，減少其對樣本量的依賴
	相對擬合指數	0~1	大於 0.9 或 0.85	克服 NFI 的缺陷，不受樣本的影響

3. 各變量的收斂、區分效度與適配性檢驗結果

(1) 雇主品牌的分析（見圖 4-1、表 4-23）

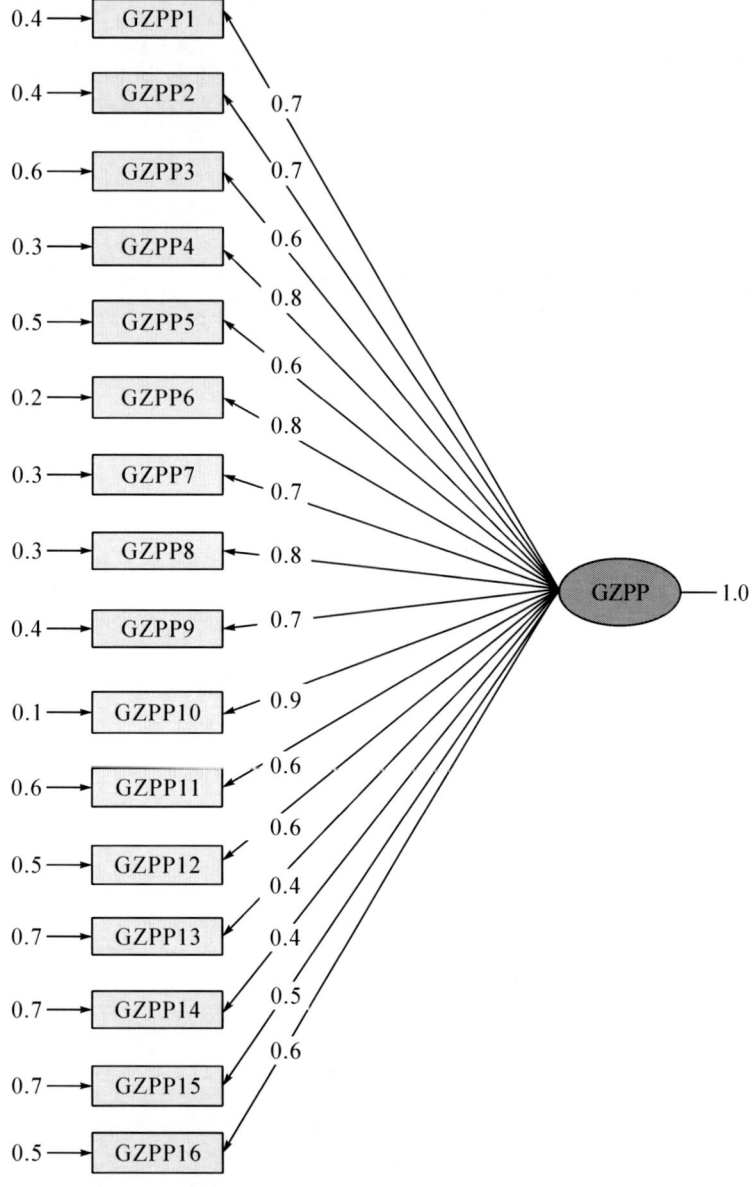

圖 4-1 雇主品牌的驗證性分析模型

表 4-23　　雇主品牌量表的驗證性因子分析結果

測量構念	測量題項	標準化載荷（R）	臨界比（C. R.）	R^2	AVE
雇主品牌	GZPP1	0.733	18.787	0.537	0.489
	GZPP2	0.723	18.462	0.523	
	GZPP3	0.609	14.746	0.371	
	GZPP4	0.799	21.142	0.638	
	GZPP5	0.646	15.834	0.417	
	GZPP6	0.857	23.765	0.735	
	GZPP7	0.792	21.004	0.627	
	GZPP8	0.802	21.366	0.643	
	GZPP9	0.743	19.140	0.552	
	GZPP10	0.901	25.740	0.812	
	GZPP11	0.611	14.755	0.373	
	GZPP12	0.639	15.696	0.408	
	GZPP13	0.480	11.151	0.230	
	GZPP14	0.460	10.626	0.212	
	GZPP15	0.549	13.004	0.301	
	GZPP16	0.672	16.743	0.452	
擬合優度	χ^2/df = 1.925，GFI = 0.961，AGFI = 0.937，NFI = 0.989，CFI = 0.994，RMSEA = 0.043					

對雇主品牌的驗證性因子分析的結果如圖 4-1 和表 4-23 所示。在各項擬合指標中，χ^2/df = 1.925，小於 3，GFI = 0.961，AGFI = 0.937，NFI = 0.989，CFI = 0.994，均大於 0.9，RMSEA = 0.043，數值在 0 和 1 之間，且小於 0.05，說明本研究的測量模型有效。各題項的因子標準化載荷均基本大於 0.5。萃取的平均方差（AVE）爲 0.489，基本達到 0.5 的臨界值，這說明整體的聚合效度較好。

（2）破壞性領導的分析（見圖4-2、表4-24）

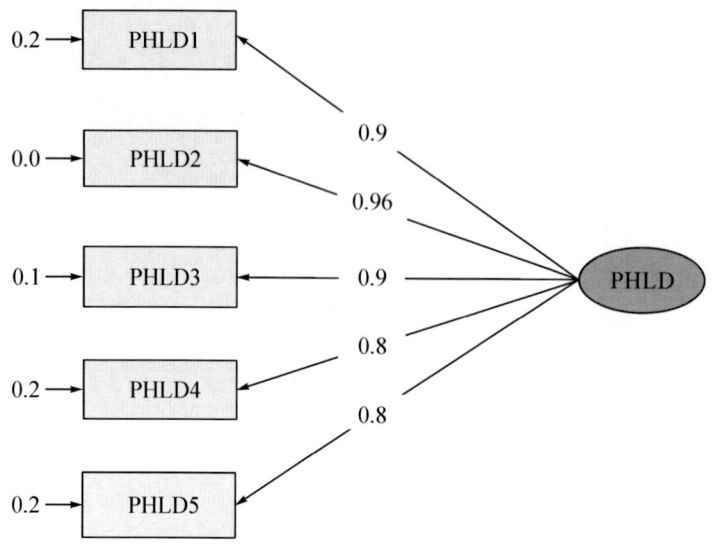

圖4-2 破壞性領導的驗證性分析模型

表4-24　　　破壞性領導量表的驗證性因子分析結果

測量構念	測量題項	標準化載荷（R）	臨界比（C. R.）	R^2	AVE
破壞性領導	PHLD1	0.895	25.640	0.801	0.831
	PHLD2	0.960	28.998	0.922	
	PHLD3	0.943	28.093	0.889	
	PHLD4	0.873	24.548	0.762	
	PHLD5	0.884	25.098	0.782	
擬合優度	\multicolumn{5}{l}{χ^2/df=3.94, GFI=0.988, AGFI=0.953, NFI=0.996, CFI=0.997, RMSEA=0.077}

對破壞性領導的驗證性因子分析的結果如圖4-2和表4-24所示。在各項擬合指標中，χ^2/df=3.94，小於5，GFI=0.988，AGFI=0.953，NFI=0.996，CFI=0.997，均大於0.9，RMSEA=0.077，數值在0和1之間，且小於0.1，說明本研究的測量模型有效。各題項的因子標準化載荷均大於0.7。萃取的平均方差（AVE）為0.831，大於0.5的臨界值，R^2大於0.5的衡量標準，這說明整體的聚合效度較好。

（3）基本心理需求的分析（見圖4-3、表4-25、表4-26）

```
0.19 → ZZXQ1 ─── 0.90 ┐
0.28 → ZZXQ2 ─── 0.85 ─→ ZZXQ ─ 1.000
0.25 → ZZXQ3 ─── 0.87 ┘

0.29 → SRXQ1 ─── 0.84 ┐
0.43 → SRXQ2 ─── 0.75 ─→ SRXQ ─ 1.000
0.27 → SRXQ3 ─── 0.86 ┘

0.66 → GXXQ1 ─── 0.58 ┐
0.53 → GXXQ2 ─── 0.69 ─→ GXXQ ─ 1.000
0.05 → GXXQ3 ─── 0.97 ┘
```

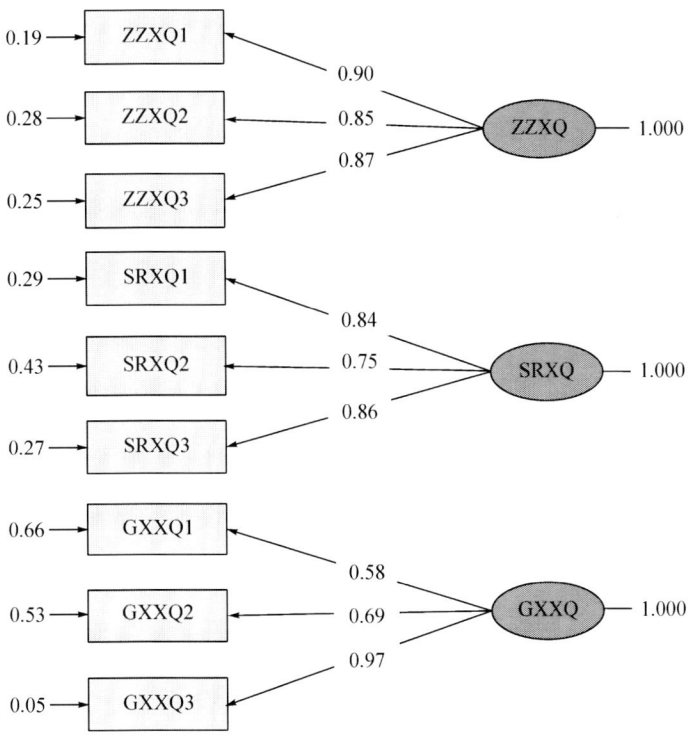

圖4-3　基本心理需求的驗證性分析模型

表4-25　　　　　基本心理需求量表的驗證性因子分析結果

因子結構	測量題項	標準化載荷（R）	臨界比（C. R.）	R^2	AVE
自主需求	ZZXQ1	0.899	24.947	0.808	0.759
	ZZXQ2	0.848	23.001	0.719	
	ZZXQ3	0.866	23.573	0.750	
勝任需求	SRXQ1	0.841	22.033	0.707	0.669
	SRXQ2	0.753	18.761	0.567	
	SRXQ3	0.856	22.218	0.733	
關係需求	GXXQ1	0.583	11.602	0.334	0.586
	GXXQ2	0.688	13.230	0.473	
	GXXQ3	0.975	16.442	0.951	
擬合優度	$\chi^2/\mathrm{df} = 1.714$, GFI = 0.986, AGFI = 0.966, NFI = 0.989, CFI = 0.995, RMSEA = 0.038					

對基本心理需求驗證性因子分析的結果如圖 4-3 和表 4-25 所示。所得結果均滿足擬合指標的標準，其中 $\chi^2/df = 1.714$，小於 2，GFI = 0.986，AGFI = 0.966，NFI = 0.989，CFI = 0.995，均大於 0.9，RMSEA = 0.038，數值在 0 和 1 之間，且小於 0.05，說明本研究的測量模型有效。各題項的因子標準化載荷均大於 0.5，自主需求、勝任需求、關係需求三個維度的萃取的平均方差（AVE）分別爲 0.759、0.669、0.586，均大於 0.5 的臨界值，這說明整體的聚合效度較好。

表 4-26　基本心理需求變量各維度之間區分效度分析檢驗結果

	自主需求	勝任需求	關係需求
自主需求	(0.871)		
勝任需求	0.318	(0.818)	
關係需求	0.393	0.337	(0.766)

如表 4-26 所示，根據 Larcker 和 Fornell（1981）提出的判別效度檢驗指標，對比表 4-25 內 AVE 值的平方根和各維度之間的相關係數的分析結果，基本心理需求各維度的 AVE 值的平方根都大於其所在行或列的相關係數，這表明基本心理需求各個維度的判別效度較好。

（4）工作—家庭支持的分析（見圖 4-4、表 4-27）

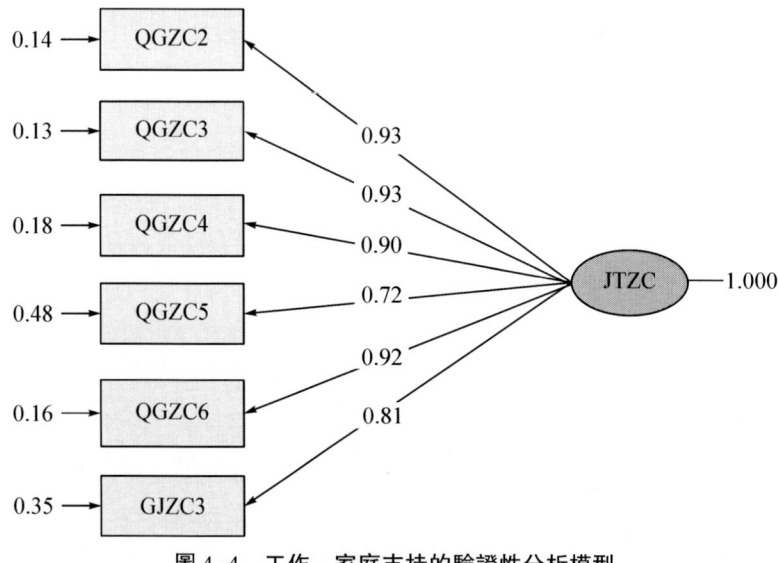

圖 4-4　工作—家庭支持的驗證性分析模型

表 4-27　　　　工作—家庭支持量表的驗證性因子分析結果

測量構念	測量題項	標準化載荷（R）	臨界比（C. R.）	R^2	AVE
工作—家庭支持	GQZC2	0.927	26.598	0.859	0.759
	QGZC3	0.932	26.794	0.869	
	QGZC4	0.903	25.545	0.815	
	QGZC5	0.722	18.324	0.521	
	QGZC6	0.917	26.159	0.841	
	GJZC3	0.806	21.527	0.650	
擬合優度	χ^2/df = 2.013，GFI = 0.995，AGFI = 0.972，NFI = 0.998，CFI = 0.999，RMSEA = 0.045					

對工作—家庭支持的驗證性因子分析的結果如圖 4-4 和表 4-27 所示。在各項擬合指標中，χ^2/df = 2.013，小於 3，GFI = 0.995，AGFI = 0.972，NFI = 0.998，CFI = 0.999，均大於 0.9，RMSEA = 0.045，數值在 0 和 1 之間，且小於 0.05，說明本研究的測量模型有效。各題項的因子標準化載荷均大於 0.7。萃取的平均方差（AVE）分別為 0.759，均大於 0.5 的臨界值，R^2 大於 0.5 的衡量標準，這說明整體的聚合效度較好。

（5）員工留任的分析（見圖 4-5、表 4-28、表 4-29）

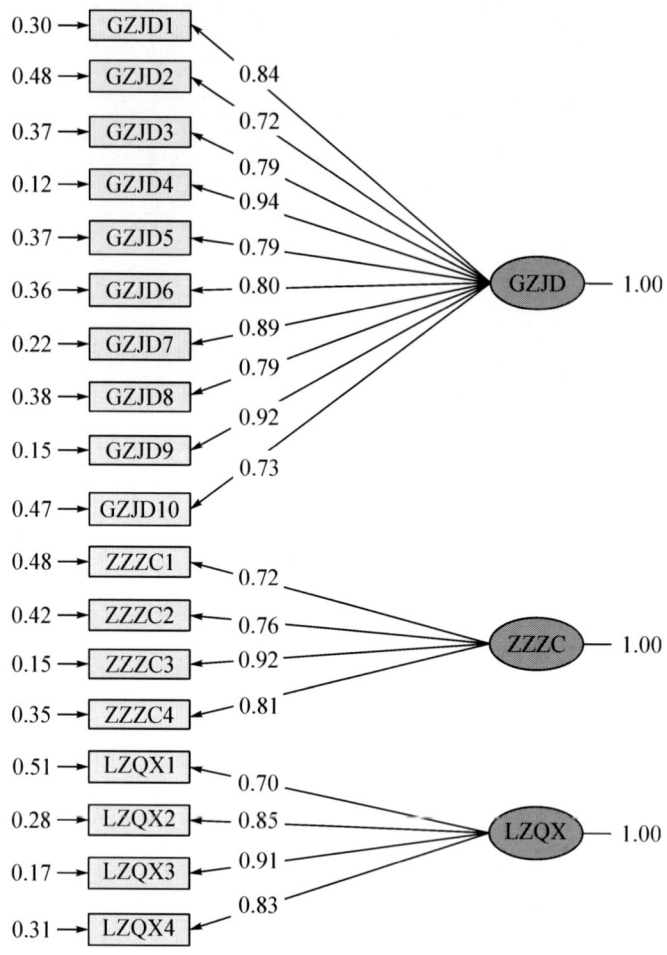

图 4-5　員工留任的驗證性分析模型

表 4-28　　　　　員工留任量表的驗證性因子分析結果

因子結構	測量題項	標準化載荷（R）	臨界比（C.R.）	R^2	AVE
工作倦怠	GZJD1	0.840	22.935	0.706	0.679
	GZJD2	0.720	18.456	0.518	
	GZJD3	0.791	21.006	0.626	
	GZJD4	0.940	27.811	0.884	
	GZJD5	0.795	21.074	0.632	
	GZJD6	0.800	21.233	0.640	
	GZJD7	0.885	25.053	0.783	
	GZJD8	0.790	21.131	0.624	
	GZJD9	0.922	25.481	0.850	
	GZJD10	0.726	18.766	0.527	
組織忠誠	ZZZC1	0.724	18.184	0.524	0.652
	ZZZC2	0.762	19.377	0.581	
	ZZZC3	0.924	25.982	0.854	
	ZZZC4	0.805	21.045	0.648	
離職傾向	LZQX1	0.701	16.898	0.491	0.683
	LZQX2	0.848	22.107	0.719	
	LZQX3	0.913	24.636	0.834	
	LZQX4	0.830	20.956	0.689	
擬合優度	$\chi^2/df = 2.738$，GFI = 0.938，AGFI = 0.902，NFI = 0.988，CFI = 0.992，RMSEA = 0.059				

對員工留任的驗證性因子分析的結果如圖 4-5 和表 4-28 所示。在各項擬合指標中，$\chi^2/df = 2.738$，小於 3，GFI = 0.938，AGFI = 0.902，NFI = 0.988，CFI = 0.992，均大於 0.9，RMSEA = 0.059，數值在 0 和 1 之間，且小於 0.1，說明本研究的測量模型有效。各題項的因子標準化載荷均大於 0.7。工作倦怠、組織忠誠、離職傾向三個子維度的萃取平均方差（AVE）分別為 0.679、0.652、0.683，均大於 0.5 的臨界值，R^2 基本大於 0.5 的衡量標準，這說明整體的聚合效度較好。

表 4-29　　　　　員工留任各維度之間區分效度分析檢驗結果

	工作倦怠	組織忠誠	離職傾向
工作倦怠	(0.824)		
組織忠誠	0.667	(0.807)	
離職傾向	0.713	0.651	(0.826)

如表 4-29 所示，根據 Larcker 和 Fornell（1981）提出的判別效度檢驗指標，對比表 4-28 內 AVE 值的平方根和各維度之間的相關係數的分析結果，員工留任各維度的 AVE 值的平方根都大於其所在行或列的相關係數，這表明員工留任各個維度的區分效度較好。

5 數據分析與假設檢驗

依據本研究的整體研究設計，本章首先在大量問卷調查的基礎之上，對獲得的數據進行描述性統計分析以及對各個變量之間相互關係的作用機制進行分析；然後對研究模型的主效應、仲介效應以及調節效應的各假設進行檢驗；最後，根據檢驗結果對本研究的假設進行更進一步的討論。

5.1 描述性統計分析

5.1.1 各變量的描述性分析

本研究的問卷測量題項有兩項採用反向計分。因此，進行數據處理之前先作反向題反向計分的處理，然後分別計算各構念以及各維度的均值、標準差等描述性統計特徵，結果如表 5-1 所示。其中均值表示接受調查者對該項因子的評價程度，均值的數值越低，說明對其評價越差。從表 5-1 可以看出，破壞性領導的均值低於 2，表示被調查的對象對於破壞性領導的評價較低。而工作—家庭支持的均值為 3.614，說明參與調查的人對於工作與家庭支持這一關係的評價較高。其餘各項因子的均值介於 2 和 4 之間，表明大部分的參與者對其評價程度在不確定與基本肯定之間。本研究採用里克特 5 點測量量表，代表的同意程度由 1 到 5 逐步加深，1 代表「非常不同意」，5 代表「非常同意」。

表 5-1　　　　　　　樣本各維度的描述性統計表

	樣本量	均值	標準差	偏度	峰度
雇主品牌	500	3.321	0.623	−0.073	0.666
破壞性領導	500	1.990	0.879	1.414	2.773
自主需求	500	3.126	0.881	−0.699	0.395
勝任需求	500	3.176	0.830	−0.671	1.104
關係需求	500	2.933	0.755	−0.142	0.759

表5-1(續)

	樣本量	均值	標準差	偏度	峰度
工作—家庭支持	500	3.614	0.856	-0.693	1.017
組織忠誠	500	2.979	0.761	-0.055	0.185
工作倦怠	500	3.372	0.782	-0.428	0.143
離職傾向	500	2.873	0.864	0.111	-0.256

5.1.2 相關性分析

分析變量之間的相關關係可以保證多元迴歸的可行性，我們可以此分析數據作爲簡要的判斷研究假設設定的合理性的數據支撐。從表 5-2 中可以看出，除「工作—家庭支持」與「關係需求」和「自主需求」之間的相關關係不顯著外，其餘因子之間的相關係數均顯著。其中「破壞性領導」與「自主需求」「員工忠誠」「離職傾向」等各因子是負相關關係，與預期設想相吻合。「雇主品牌」與大部分因子是正相關關係，除了與「破壞性領導」爲負相關關係。「雇主品牌」與「破壞性領導」的負相關關係可以解釋爲：破壞性領導在面對下屬時很容易表現出言語上的欺辱，使得下屬產生消極情緒，降低員工滿足感，而雇主品牌能讓員工增強自我的工作滿意度，使其產生積極行爲，這與破壞性領導的作用相反，所以兩者之間呈現負相關關係。

表 5-2　　　　變量各維度間相關係數矩陣（N=500）

	雇主品牌	破壞性領導	自主需求	勝任需求	關係需求	工作—家庭支持	組織忠誠	工作倦怠	離職傾向
雇主品牌	1								
破壞性領導	-0.211**	1							
自主需求	0.417**	-0.342**	1						
勝任需求	0.338**	-0.124**	0.243**	1					
關係需求	0.377**	-0.224**	0.322**	0.224**	1				
工作—家庭支持	0.192**	-0.107**	0.001	0.165**	0.040	1			
組織忠誠	0.784**	-0.145**	0.364**	0.341**	0.358**	0.164**	1		
工作倦怠	0.572**	-0.408**	0.423**	0.323**	0.300**	0.212**	0.572**	1	
離職傾向	0.461**	-0.282**	0.422**	0.345**	0.312**	0.095*	0.539**	0.628**	1

註：** 表示在置信度（雙側）爲 0.01 水平時，相關性是顯著的；* 表示在置信度（雙側）爲 0.05 水平時，相關性是顯著的。

5.2 人口統計特徵的方差分析

控制變量是除自變量以外對因變量產生影響的其他變量。研究中應該盡可能對控制變量加以控制,以確保研究結論的純粹性。本研究的控制變量包括性別、年齡、學歷、職位級別、婚姻狀況以及企業工齡。我們分別採用獨立樣本T檢驗和單因素方差分析方法對各個控制變量進行分析。對於擁有兩種以上分類的控制變量,本研究採用單因素方差分析;由於性別、婚姻狀況只有兩種分類,此類控制變量採用獨立樣本T檢驗。

1. 性別的獨立樣本T檢驗

獨立樣本T檢驗適用於兩個群體的平均數的差異檢驗,其自變量為二分類變量,因變量為連續變量。在對性別因素進行獨立樣本T檢驗的過程中,強調獨立性,要求抽取的樣本之間相互獨立。本研究抽取的樣本總數為500,其中男性樣本204,女性樣本296,樣本之間是相互獨立的,沒有相互影響的情況。結果如表5-3所示。

表5-3　　　　　　　　性別的獨立樣本T檢驗表

變量	方差齊性檢驗			均值差異檢驗					是否存在差異
	F值	P值	是否齊性	T值	P值	差值的95%置信區間		均值差	
						低點	高點		
雇主品牌	1.234	0.267	是	2.549	0.011	0.0329	0.2543	0.1436	是
破壞性領導	0.132	0.717	是	0.323	0.747	-0.1314	0.1831	0.0258	否
自主需求	0.945	0.331	是	1.167	0.244	-0.0640	0.2510	0.0935	否
勝任需求	0.002	0960	是	0.485	0.628	-0.1118	0.1852	0.0367	否
關係需求	9.146	0.003	否	2.510	0.012	0.0361	0.2963	0.1662	是
工作—家庭支持	0.026	0.871	是	-0.116	0.908	-0.1621	0.1441	-0.0090	否
組織忠誠	1.142	0.286	是	1.273	0.204	-0.0479	0.2240	0.0881	否
工作倦怠	4.535	0.034	否	0.273	0.785	0.149	-0.1227	0.1624	否
離職傾向	6.223	0.013	否	-0.426	0.671	-0.1856	0.183	0.1195	否

註:方差齊性檢驗和均值差異檢驗的顯著性水平均為0.05。

表5-3為獨立樣本T檢驗的結果。平均數差異檢驗的基本假設之一是方差同質性。因而,本研究關於獨立樣本T檢驗的分析通過兩個步驟進行:第一,採用Levene進行不同性別的方差是否相等的檢驗;第二,檢驗兩個樣本總體的均值是否相等的檢驗。概率P值的參考標準均為0.05,如顯著性水平為0.05,如果方差齊性檢驗和均值差異檢驗的P值大於0.05,可以認為來自不

同性別總體的均值和方差無顯著差異。我們通過本研究的獨立樣本 T 檢驗發現，男性員工的雇主品牌感知、關係需求程度與女性員工相比有較大差異，其他維度男女性別差異並不顯著。這有可能是由於中國傳統文化所導致的男女在社會關係以及工作事業方面的思維方式和行爲習慣不同，人們對男性的定位是事業上的成功和較高的社會地位，而對女性的定位則是相夫教子，傳統觀念會使得男性和女性在關係需求方面有顯著差異，因爲他們對雇主品牌的感知也有所差異。

2. 婚姻狀況的獨立樣本 T 檢驗

婚姻狀況的獨立樣本 T 檢驗如表 5-4 所示。

表 5-4　　　　　　　婚姻狀況的獨立樣本 T 檢驗表

變量	方差齊性檢驗			均值差異檢驗					是否存在差異
	F 值	P 值	是否齊性	T 值	P 值	差值的 95% 置信區間		均值差	
						低點	高點		
雇主品牌	0.026	0.872	是	0.109	0.914	-0.1055	0.1179	0.0062	否
破壞性領導	0.851	0.357	是	1.276	0.202	-0.0551	0.2596	0.0801	否
自主需求	2.873	0.091	是	-0.619	0.536	-0.188	-0.006	0.098	否
勝任需求	0.216	0.624	是	-1.841	0.066	0.2874	0.0093	-0.139	否
關係需求	0.204	0.652	是	0.185	0.853	0.1226	0.1482	0.0128	否
工作—家庭支持	0.200	0.655	是	-1.539	0.124	-0.2730	0.0332	-0.1199	否
組織忠誠	0.031	0.860	是	-1.101	0.272	-0.2127	0.0600	-0.0764	否
工作倦怠	1.289	0.257	是	-1.014	0.311	-0.2124	0.0678	-0.0723	否
離職傾向	0.910	0.341	是	-2.213	0.027	-0.3278	-0.0195	-0.0174	是

註：顯著性水平均爲 0.05。

我們以婚姻狀況作爲控制變量進行獨立樣本 T 檢驗。本研究抽取 299 名已婚員工、201 名未婚員工，檢驗思路和判斷標準同上。由表 5-4 可知，「離職傾向」的 P 值小於 0.05，可以認爲已婚員工和未婚員工在離職方面有著顯著差異。這可以解釋爲對於已婚和未婚員工而言，已婚員工家庭負擔更重，在工作中更加追求工作和收入的穩定，希望規避不確定的風險，對於他們來說，離職的成本較高。而未婚員工面臨的家庭生活負擔相對較小，在工作中更加關注自身的發展機會和成長空間，因爲未婚員工離職成本低，所以相對於已婚員工，他們的離職可能性更大。

3. 員工年齡的方差分析

方差分析考察的是控制變量是否對觀測值產生影響。其原理爲通過觀察觀測變量的變化是否明顯來確定控制變量是否對其產生影響。如果觀測變量變化不明顯可認爲控制變量對於觀測變量沒有影響；反之，如果觀測值變化明顯，

則認爲控制變量對於觀測值有顯著影響。單因素方差分析指在研究控制變量對觀測變量產生影響時，研究過程中參與的控制變量只有一個。以下就是本研究中的每一個控制變量對各因子影響的單因素分析。

基於年齡的樣本方差分析如表 5-5 所示。

表 5-5　　　　　　　　基於年齡的樣本方差分析

	分組	離差平方和	自由度	離差平方根	F 值	P 值
雇主品牌	組間	2.724	5	0.545	1.411	0.219
	組內	190.684	494	0.386		
	總計	193.408	499			
工作—家庭支持	組間	2.723	5	0.545	0.742	0.592
	組內	362.445	494	0.734		
	總計	365.169	499			
工作倦怠	組間	7.519	5	1.504	2.496	0.030
	組內	297.578	494	0.602		
	總計	305.097	499			
組織忠誠	組間	1.641	5	0.328	0.565	0.727
	組內	287.190	494	0.581		
	總計	288.831	499			
離職傾向	組間	4.933	5	0.987	1.327	0.251
	組內	367.251	494	0.743		
	總計	372.184	499			
破壞性領導	組間	8.173	5	1.635	2.141	0.059
	組內	377.213	494	0.764		
	總計	385.386	499			
自主需求	組間	4.156	5	0.831	1.071	0.376
	組內	383.351	494	0.776		
	總計	387.506	499			
勝任需求	組間	8.233	5	1.647	2.425	0.035
	組內	335.391	494	0.679		
	總計	343.623	499			
關係需求	組間	2.504	5	0.501	0.878	0.496
	組內	281.785	494	0.570		
	總計	284.289	499			

註：方差的齊性檢驗顯著水平爲 0.05。

如表 5-5 所示，根據員工年齡對各變量單因素方差分析的結果可以看出，在顯著性水平爲 0.05 時，工作倦怠的 P 值爲 0.030，勝任需求的 P 值爲 0.035，均小於 0.05，說明各年齡階段員工的工作倦怠和勝任需求均值存在顯

著差異。其他變量的 P 值都大於顯著性水平 0.05，表明員工的年齡對於表 5-5 中除工作倦怠和勝任需求外的各因子無顯著影響。接下來我們將採用 LSD 方法進行兩兩比較，進一步具體地檢驗各年齡段員工在以上兩個因子中的差異。

工作倦怠的 LSD 法多重比較的結果如表 5-6 所示。

表 5-6　　　　　　　工作倦怠的 LSD 法多重比較的結果

因變量：工作倦怠

（I）年齡	（J）年齡	均值差(I-J)	標準誤	顯著性	比較結果
25 歲以下	26~30 歲	0.2882*	0.1035	0.006	在工作倦怠上，26～30 歲＜25 歲以下；26～30 歲＜36～40 歲；31～35 歲＜25 歲以下
	31~35 歲	0.2370*	0.1094	0.031	
	36~40 歲	0.0040	0.1506	0.979	
	41~45 歲	0.2323	0.1664	0.163	
	46 歲以上	-.0575	0.2075	0.782	
26~30 歲	31~35 歲	-0.0512	0.0862	0.552	
	36~40 歲	-0.2842*	0.1347	0.035	
	41~45 歲	-0.0559	0.1522	0.714	
	46 歲以上	-0.3457	0.1963	0.079	
31~35 歲	36~40 歲	-0.2330	0.1393	0.095	
	41~45 歲	-0.0047	0.1562	0.976	
	46 歲以上	-0.2945	0.1994	0.140	
36~40 歲	41~45 歲	0.2283	0.1875	0.224	
	46 歲以上	-0.0615	0.2247	0.785	
41~45 歲	46 歲以上	-0.2898	0.2356	0.219	

註：* 表示平均差異在 0.05 水平是顯著的。

從表 5-6 中可以看出，在工作倦怠方面，26~30 歲的員工產生工作倦怠的程度顯著低於其他年齡階段。一方面，這可能由於該年齡段的員工正處於技能和經驗的培養和累積期，對職業生涯發展和規劃有較強的期待，因而產生較低的工作倦怠。另一方面，該年齡階段的員工對於企業而言具有極大的開發和利用價值。

勝任需求的 LSD 法多重比較的結果如表 5-7 所示。

表 5-7　　　　　勝任需求的 LSD 法多重比較的結果

因變量：勝任需求

(I) 年齡	(J) 年齡	均值差 (I-J)	標準誤	顯著性	比較結果
25 歲以下	26~30 歲	-0.0812	0.1099	0.460	在勝任需求上，25 歲以下的 < 36~40 歲的；26~30 歲 < 36~40 歲的；41~45 歲 < 31~35 歲的；41~45 歲 < 36~40 歲的
	31~35 歲	-0.1747	0.1161	0.133	
	36~40 歲	-0.4408*	0.1599	0.006	
	41~45 歲	0.1564	0.1767	0.377	
	46 歲以上	-0.0697	0.2203	0.752	
26~30 歲	31~35 歲	-0.0935	0.0915	0.307	
	36~40 歲	-0.3596*	0.1430	0.012	
	41~45 歲	0.2376	0.1616	0.142	
	46 歲以上	0.0115	0.2084	0.956	
31~35 歲	36~40 歲	0.2661	0.1478	0.072	
	41~45 歲	0.3311*	0.1659	0.046	
	46 歲以上	0.1050	0.2117	0.620	
36~40 歲	41~45 歲	0.5972*	0.1990	0.003	
	46 歲以上	0.3711	0.2386	0.120	
41~45 歲	46 歲以上	-0.2261	0.2501	0.366	

註：* 表示平均差異在 0.05 水平是顯著的。

　　根據表 5-7 的結果，在勝任需求方面，36~40 歲的員工勝任需求明顯高於其他年齡階段員工。對於該年齡階段的員工來說，他們正處於職業上升的關鍵時期，因此其勝任需求明顯高於其他年齡階段的員工。

　4. 受教育程度對各變量的方差分析

　　基於學歷的樣本方差分析如表 5-8 所示。

表 5-8　　　　　　　　基於學歷的樣本方差分析

	分組	離差平方和	自由度	離差平方根	F 值	P 值
雇主品牌	組間	1.955	3	0.652	1.688	0.169
	組內	191.454	496	0.386		
	總計	193.408	499			
家庭支持	組間	1.000	3	0.333	0.454	0.715
	組內	364.169	496	0.734		
	總計	365.169	499			
工作倦怠	組間	5.540	3	1.847	3.057	0.028
	組內	299.557	496	0.604		
	總計	305.097	499			

表5-8(續)

	分組	離差平方和	自由度	離差平方根	F值	P值
組織忠誠	組間	4.903	3	1.634	2.855	0.037
	組內	283.928	496	0.572		
	總計	288.831	499			
離職傾向	組間	8.812	3	2.937	4.010	0.008
	組內	363.372	496	0.733		
	總計	372.184	499			
破壞性領導	組間	3.503	3	1.168	1.517	0.209
	組內	381.883	496	0.770		
	總計	385.386	499			
自主需求	組間	8.440	3	2.813	3.681	0.012
	組內	379.067	496	0.764		
	總計	387.506	499			
勝任需求	組間	1.718	3	0.573	0.831	0.477
	組內	341.905	496	0.689		
	總計	343.623	499			
關係需求	組間	0.169	3	0.056	0.099	0.961
	組內	284.119	496	0.573		
	總計	284.289	499			

註：方差的齊性檢驗顯著水平爲0.05。

表5-8是員工受教育程度對各變量單因素方差分析的結果。從表5-8中可以看出，工作倦怠、組織忠誠、離職傾向、自主需求四個因子在員工不同受教育程度下顯著，其餘因子不顯著。爲進一步分析員工受教育程度具體對四個因子的影響，本研究同樣採用LSD方法進行分析。

工作倦怠的LSD法多重比較的結果如表5-9所示。

表5-9　　　　　　工作倦怠的LSD法多重比較的結果

因變量：工作倦怠

(I) 學歷	(J) 學歷	均值差(I-J)	標準誤	顯著性	比較結果
博士	碩士	−0.1118	0.1265	0.377	在工作倦怠上，博士、碩士＜本科
	本科	−0.3065*	0.1281	0.017	
	本科以下	−0.2299	0.1529	0.133	
碩士	本科	−0.1947*	0.0784	0.013	
	本科以下	−0.1181	0.1144	0.303	
本科	本科以下	0.0766	0.1163	0.510	

註：* 表示平均差異在0.05水平是顯著的。

表 5-9 的結果顯示，具有大學本科文憑的員工的工作倦怠水平明顯高於擁有博士和碩士學歷的員工。這說明受教育程度較低的員工更容易產生倦怠情緒，可能是工作的環境以及程序與教育水平有關。

離職傾向的 LSD 法多重比較的結果如表 5-10 所示。

表 5-10　　　　離職傾向的 LSD 法多重比較的結果

因變量：離職傾向

(I) 學歷	(J) 學歷	均值差 (I-J)	標準誤	顯著性	比較結果
博士	碩士	-0.1949	0.1393	0.162	在離職傾向上，博士、碩士、本科以下 < 本科
	本科	-0.4117*	0.1411	0.004	
	本科以下	-0.1598	0.1684	0.346	
碩士	本科	-0.2168*	0.0863	0.012	
	本科以下	0.0360	0.1261	0.775	
本科	本科以下	0.2528*	0.1281	0.049	

註：* 表示平均差異在 0.05 水平是顯著的。

表 5-10 的結果顯示，本科教育水平的員工離職傾向顯著高於擁有博士、碩士學歷的員工。這與表 5-7 的結果相互印證。離職研究一般將教育水平作為控制變量（Trevor, 2001），但與以往結果不同，本研究結果顯示低學歷員工的離職傾向大於高學歷員工。

自主需求的 LSD 法多重比較的結果如表 5-11 所示。

表 5-11　　　　自主需求的 LSD 法多重比較的結果

因變量：自主需求

(I) 學歷	(J) 學歷	均值差 (I-J)	標準誤	顯著性	比較結果
博士	碩士	0.1681	0.1423	0.238	在自主需求上，本科 < 本科以下、碩士、博士
	本科	0.3496*	0.1441	0.016	
	本科以下	0.0041	0.1720	0.981	
碩士	本科	0.1815*	0.0882	0.040	
	本科以下	-0.1641	0.1287	0.203	
本科	本科以下	-0.3456*	0.1308	0.008	

註：* 表示平均差異在 0.05 水平是顯著的。

表 5-11 的結果顯示，本科教育水平的員工的自主需求水平顯著低於擁有博士、碩士學歷的員工。

組織忠誠的 LSD 法多重比較的結果如表 5-12 所示。

表 5-12　　　　　　組織忠誠的 LSD 法多重比較的結果

因變量：組織忠誠

(I) 學歷	(J) 學歷	均值差 (I-J)	標準誤	顯著性	比較結果
博士	碩士	0.1449	0.1231	0.240	在組織忠誠上，本科 < 本科以下
	本科	0.2255	0.1247	0.071	
	本科以下	-0.0723	0.1488	0.627	
碩士	本科	0.0806	0.0763	0.291	
	本科以下	-0.2172	0.1114	0.052	
本科	本科以下	-0.2979*	0.1132	0.009	

註：* 表示平均差異在 0.05 水平是顯著的。

表 5-12 的結果顯示，本科教育水平的員工的組織忠誠顯著低於本科以下教育水平的員工。這可能是因為在無邊界的職業生涯中，學歷作為人才識別的重要信號，低學歷的員工追求穩定的工作，因此更容易對組織和工作感到滿足。

5. 職位級別的單因素方差分析

職位級別的樣本方差分析如表 5-13 所示。

表 5-13　　　　　　職位級別的樣本方差分析

	分組	離差平方和	自由度	離差平方根	F 值	P 值
雇主品牌	組間	3.172	3	1.057	2.756	0.042
	組內	190.237	496	0.384		
	總計	193.408	499			
家庭支持	組間	3.279	3	1.093	1.498	0.214
	組內	361.889	496	0.730		
	總計	365.169	499			
工作倦怠	組間	3.071	3	1.024	1.681	0.170
	組內	302.025	496	0.609		
	總計	305.097	499			
組織忠誠	組間	1.650	3	0.550	0.950	0.416
	組內	287.182	496	0.579		
	總計	288.831	499			
離職傾向	組間	3.148	3	1.049	1.410	0.239
	組內	369.036	496	0.744		
	總計	372.184	499			

表5-13(續)

	分組	離差平方和	自由度	離差平方根	F 值	P 值
破壞性領導	組間	8.025	3	2.675	3.516	0.015
	組內	377.360	496	0.761		
	總計	385.386	499			
自主需求	組間	8.744	3	2.915	3.817	0.010
	組內	378.762	496	0.764		
	總計	387.506	499			
勝任需求	組間	3.839	3	1.280	1.868	0.134
	組內	339.784	496	0.685		
	總計	343.623	499			
關係需求	組間	5.086	3	1.695	3.012	0.030
	組內	279.203	496	0.563		
	總計	284.289	499			

註：方差的齊性檢驗顯著水平為 0.05。

　　表5-13是員工職位級別對各變量單因素方差分析的結果。從表5-13中可以看出雇主品牌、破壞性領導、自主需求以及關係需求在 0.05 的顯著性水平下，受員工職位級別顯著影響，其余因子不顯著。同理，我們採用 LSD 方法進一步分析。

　　破壞性領導的 LSD 法多重比較的結果如表 5-14 所示。

表 5-14　　　　破壞性領導的 LSD 法多重比較的結果

因變量：破壞性領導

（I）職位級別	（J）職位級別	均值差(I-J)	標準誤	顯著性	比較結果
高層	中層	0.6100*	0.2343	0.010	在破壞性領導上，中層、基層、普通員工<高層
	基層	0.7034*	0.2256	0.002	
	普通員工	0.5443*	0.2178	0.013	
中層	基層	0.0934	0.1275	0.465	
	普通員工	-0.0658	0.1132	0.562	
基層	普通員工	-0.1591	0.0939	0.091	

註：* 表示平均差異在 0.05 水平是顯著的。

　　表5-14的結果顯示，處於高層職位的員工對破壞性領導的感知強於處於中層、基層和普通職位的員工。

　　關係需求的 LSD 法多重比較的結果如表 5-15 所示。

表 5-15　　　　　　關係需求的 LSD 法多重比較的結果

因變量：關係需求

(I) 職位級別	(J) 職位級別	均值差 (I-J)	標準誤	顯著性	比較結果
高層	中層	-0.1524	0.2015	0.450	在關係需求上，普通員工 < 基層
高層	基層	-0.2429	0.1940	0.211	
高層	普通員工	-0.0113	0.1873	0.952	
中層	基層	-0.0905	0.1097	0.410	
中層	普通員工	0.1411	0.0974	0.148	
基層	普通員工	0.2316*	0.0808	0.004	

註：* 表示平均差異在 0.05 水平是顯著的。

表 5-15 的結果顯示，處於基層職位的員工的關係需求顯著高於普通員工。普通員工在職位級別上處於企業的最底層，因此對於關係需求弱於處於基層職位的員工。

雇主品牌的 LSD 法多重比較的結果如表 5-16 所示。

表 5-16　　　　　　雇主品牌的 LSD 法多重比較的結果

因變量：雇主品牌

(I) 職位級別	(J) 職位級別	均值差 (I-J)	標準誤	顯著性	比較結果
高層	中層	0.0860	0.1664	0.605	在雇主品牌上，普通員工 < 中層
高層	基層	0.2608	0.1602	0.104	
高層	普通員工	0.2763	0.1546	0.075	
中層	基層	0.1748	0.0906	0.054	
中層	普通員工	0.1903*	0.0804	0.018	
基層	普通員工	0.0155	0.0667	0.815	

註：* 表示平均差異在 0.05 水平是顯著的。

表 5-16 的結果顯示，處於中層職位的員工對於企業雇主品牌的感知顯著高於普通員工。處於中層職位的員工對於企業所提供的各種資源支持感知層度明顯強於普通員工。因此，企業在加強雇主品牌建設時一定要重視中層職位員工，同時也要加強普通員工的宣傳教育和培訓。

自主需求的 LSD 法多重比較的結果如表 5-17 所示。

表 5-17　　　　　　自主需求的 LSD 法多重比較的結果

因變量：自主需求

(I) 職位級別	(J) 職位級別	均值差 (I-J)	標準誤	顯著性	比較結果
高層	中層	−0.4073	0.2347	0.083	在自主需求上， 普通員工＜中 層、基層
	基層	−0.3365	0.2260	0.137	
	普通員工	−0.1054	0.2182	0.629	
中層	基層	0.0708	0.1278	0.580	
	普通員工	0.3019*	0.1134	0.008	
基層	普通員工	0.2311*	0.0941	0.014	

註：* 表示平均差異在 0.05 水平是顯著的。

表 5-17 的結果顯示，處於中層、基層職位的員工的自主需求顯著高於普通員工。中層、基層職位的員工在企業組織中具有一定的職業地位，因此，與普通員工相比，其需求更具自主性。

6. 公司工齡的單因素方差分析

基於公司工齡的樣本方差分析如表 5-18 所示。

表 5-18　　　　　　基於公司工齡的樣本方差分析

	分組	離差平方和	自由度	離差平方根	F 值	P 值
雇主品牌	組間	4.699	4	1.175	3.081	0.016
	組內	188.710	495	0.381		
	總計	193.408	499			
家庭支持	組間	1.192	4	0.298	0.405	0.805
	組內	363.977	495	0.735		
	總計	365.169	499			
工作倦怠	組間	5.861	4	1.465	2.424	0.047
	組內	299.235	495	0.605		
	總計	305.097	499			
組織忠誠	組間	3.120	4	0.780	1.352	0.250
	組內	285.711	495	0.577		
	總計	288.811	499			
離職傾向	組間	2.421	4	0.605	0.810	0.519
	組內	369.763	495	0.747		
	總計	372.184	499			
破壞性領導	組間	2.548	4	0.637	0.824	0.511
	組內	382.838	495	0.773		
	總計	385.386	499			

表5-18(續)

	分組	離差平方和	自由度	離差平方根	F值	P值
自主需求	組間	4.663	4	1.166	1.507	0.199
	組內	382.843	495	0.773		
	總計	387.506	499			
勝任需求	組間	2.665	4	0.666	0.967	0.425
	組內	340.958	495	0.689		
	總計	343.623	499			
關係需求	組間	2.033	4	0.508	0.891	0.469
	組內	282.256	495	0.570		
	總計	284.289	499			

註：方差的齊性檢驗顯著水平爲0.05。

表5-18是員工公司工齡對各變量單因素方差分析的結果。從表5-18中可以看出，雇主品牌和工作倦怠在0.05的顯著性水平下，受員工公司工齡顯著影響，其余因子不顯著。同理，我們採用LSD方法進一步分析。

雇主品牌的LSD法多重比較的結果如表5-19所示。

表5-19　　　　　雇主品牌的LSD法多重比較的結果

因變量：雇主品牌

(I) 公司工齡	(J) 公司工齡	均值差 (I-J)	標準誤	顯著性	比較結果
1年以下	1～3年	0.1167	0.0762	0.126	
	4～6年	0.1485	0.0897	0.098	
	7～10年	0.1611	0.0967	0.096	
	11年以上	0.3398*	0.0981	0.001	在雇主品牌上，11年以上＜3年以下
1～3年	4～6年	0.0318	0.0808	0.694	
	7～10年	0.0444	0.0885	0.616	
	11年以上	0.2231*	0.0900	0.014	
4～6年	7～10年	0.0126	0.1004	0.900	
	11年以上	0.1913	0.1017	0.060	
7～10年	11年以上	0.1787	0.1079	0.098	

註：*表示平均差異在0.05水平是顯著的。

表5-19的結果顯示，工作11年以上的員工對雇主品牌的感知顯著低於工作3年以下的員工。就員工公司工齡而言，處於兩頭的員工對於雇主品牌的感知是不同的。公司工齡11年以上的員工對企業有了較全面和深刻的認識，因此對企業雇主品牌的感染力認可度沒有剛入職時那麼強。

工作倦怠的LSD法多重比較的結果如表5-20所示。

表 5-20　　　　　　　　工作倦怠的 LSD 法多重比較的結果

因變量：工作倦怠

(I) 公司工齡	(J) 公司工齡	均值差 (I-J)	標準誤	顯著性	比較結果
1 年以下	1~3 年	-0.1475	0.0960	0.125	在工作倦怠上，1 年以下<4~6 年；11 年以上以及 7~10 年<11 年以上
	4~6 年	-0.2562*	0.1130	0.024	
	7~10 年	-0.0586	0.1218	0.631	
	11 年以上	-0.3261*	0.1235	0.009	
1~3 年	4~6 年	-0.1087	0.1017	0.286	
	7~10 年	0.0889	0.1114	0.425	
	11 年以上	-0.1786	0.1133	0.116	
4~6 年	7~10 年	0.1976	0.1264	0.118	
	11 年以上	-0.0699	0.1280	0.585	
7~10 年	11 年以上	-0.2675*	0.1359	0.050	

註：* 表示平均差異在 0.05 水平是顯著的。

表 5-20 的結果顯示，工作 11 年以上的員工的工作倦怠水平顯著高於其他公司工齡的員工。這說明企業應該注重老員工的基本心理需求，不斷採取措施降低老員工的工作倦怠。

5.3　雇主品牌對員工留任影響的假設檢驗

假設檢驗是對本研究中提出的各變量之間關係的假設進行驗證。在第 4 章以及第 5 章中，對信效度及變量之間相關性分析的基礎之上，本部分將採用多元迴歸的方法，進一步檢驗本書中提出的假設。在多元迴歸分析中，需要變量數據滿足幾個基本假設，如無多重共線性、同方差和無自相關，所以，在此之前，我們需要對這三個假定做出檢驗。多重共線性是指變量之間存在嚴重的線性關係，這會造成對參數的估計不精確，得出錯誤的迴歸分析結果。對於多元迴歸來說，多重共線性一般使用方差擴大因子法（VIF）檢驗，VIF 越大，表示多重共線性越嚴重，一般說來，VIF≥10 時，說明解釋變量與其余變量之間存在嚴重的多重共線性。對於檢驗變量之間是否同方差，在統計學中，是通過異方差性的檢驗來實現的。異方差指的是解釋變量的變化會使得被解釋變量觀測值的分散程度隨之變化，樣本迴歸的殘差在一定程度上反應了隨機誤差的分佈特徵。因此，我們可以通過殘差的散點圖來分析、觀察模型中是否存在異方差性。如果存在異方差，會使得最小二乘法估計的方差不再是最小，會使參數的估計結果產生錯誤。我們通過對殘差圖形的觀察可判斷變量之間是否存在異

方差，即當殘差散點圖無規律顯示時，可以說明模型中不存在異方差問題。自相關是指隨機誤差項之間存在相關關係，如果這時仍然使用最小二乘迴歸估計參數，會導致估計的參數產生嚴重偏差。自相關最常採用的檢驗方法是 DW 檢驗法，通過 DW 在 0 到 4 上的取值判斷。本研究採取的數據是截面數據，不可能出現樣本值之間的自相關情況。

本部分在進行數據處理時，對反向題項進行正向處理，因爲各個題目之間有一定相關性，內部一致性信息是評價這種相關性的重要因素，正向計分處理就是讓題目有一致方向的計分方式。

5.3.1 雇主品牌與員工留任的關係

首先本書將對假設 H1 及其子假設進行檢驗。假設 H1：雇主品牌對員工留任有正向影響。H1a：雇主品牌與組織忠誠正相關。H1b：雇主品牌與離職傾向負相關。H1c：雇主品牌與工作倦怠負相關。對假設 H1 的檢驗的迴歸結果如表 5-21 所示。

表 5-21　　雇主品牌與員工留任的分層多元線性迴歸結果

變量	Beta（T 值）	P 值	Beta（T 值）	P 值
性別	-0.013*** （-0.293）	0.770	0.054 （1.713）	0.087
年齡	0.055 （0.828）	0.408	0.117* （2.518）	0.012
學歷	-0.069 （-1.544）	0.123	-0.062* （-1.984）	0.048
職位級別	0.008 （0.158）	0.874	0.126 （3.622）	0.000
婚姻狀況	0.111* （2.119）	0.035	0.057 （1.565）	0.118
公司工齡	-0.156** （-2.612）	0.009	-0.040 （-0.945）	0.345
雇主品牌			0.730 （22.854）	0.000
F 值（P 值）	2.198 （0.042）		78.492 （0.000）	
R^2	0.026		0.528	
$R^2_{adj.}$	0.014		0.521	
ΔR^2			0.507	

註：①預測變量爲雇主品牌，控制變量爲性別、年齡等；②因變量爲員工留任；③* 表示 P<0.05，** 表示 P<0.01，*** 表示 P<0.001。

假設 H1：雇主品牌對員工留任有正向影響。對此假設進行檢驗，首先作出兩者的散點圖，分別以雇主品牌、員工留任爲縱、橫坐標，經過觀察，我們發現兩者大致呈線性關係。然後進行多元分層線性迴歸。此過程分爲兩個步驟，首先將控制變量（性別、年齡、學歷、職位級別、婚姻狀況、企業工齡）

納入迴歸方程，結果如表 5-21 所示，從中可以看出控制變量對於員工留任有顯著的預測作用（P<0.05）；然後納入自變量（雇主品牌）（以下各變量以及維度之間關係的檢驗步驟相似，不再贅述）。迴歸結果表明，模型有效地解釋了樣本數據對員工留任的影響（F（7，492）= 78.492，P = 0.000，R^2 = 0.528）。迴歸系數顯著（β = 0.730，P = 0.000），雇主品牌對員工留任的影響呈顯著正相關關係。因此，假設 H1 得到驗證。進一步，我們將檢驗其子假設。

針對假設 H1a，根據相關係數表 5-2，我們可以大致得出雇主品牌與組織忠誠間存在相關關係，然後運用多元線性迴歸進行檢驗。迴歸結果如表 5-22 所示。

表 5-22　雇主品牌與組織忠誠的分層多元線性迴歸結果

變量	Beta（T 值）	P 值	Beta（T 值）	P 值
性別	-0.044（-0.978）	0.329	0.029（1.040）	0.299
年齡	-0.017（-0.249）	0.803	0.051（1.227）	0.220
學歷	0.010（0.214）	0.831	0.017（0.624）	0.533
職位級別	-0.077（-1.556）	0.120	0.052（1.679）	0.094
婚姻狀況	0.097（1.853）	0.064	0.039（1.176）	0.240
公司工齡	-0.127*（-2.134）	0.033	-0.001（-0.014）	0.989
雇主品牌			0.798（27.904）	0.000
F 值（P 值）	1.908（0.078）		115.446（0.000）	
R^2	0.023		0.622	
R^2_{adj}	0.011		0.616	
ΔR^2			0.605	

註：①預測變量爲雇主品牌，控制變量爲性別、年齡等；②因變量爲組織忠誠；③* 表示 P<0.05，** 表示 P<0.01，*** 表示 P<0.001。

從表 5-22 可以看出，控制變量對於組織忠誠有顯著的預測作用（F = 1.908，P = 0.078），模型較好地解釋了樣本數據對組織忠誠的影響（F（7，492）= 115.446，P = 0.000，R^2 = 0.622）。迴歸系數顯著（β = 0.798，P = 0.000），表明雇主品牌對組織忠誠的影響呈顯著正相關關係。因此，假設 H1a 得到驗證。

針對假設 H1b：雇主品牌與離職傾向負相關，根據相關係數表 5-2，我們可以大致得出雇主品牌與離職傾向存在相關關係，隨後運用多元線性迴歸，對假設 H1b 進行檢驗。迴歸結果如表 5-23 所示。

表 5-23　雇主品牌與離職傾向的分層多元線性迴歸結果

變量	Beta（T值）	P值	Beta（T值）	P值
性別	0.017（0.381）	0.703	0.062（1.568）	0.117
年齡	0.086（1.286）	0.199	0.127*（2.173）	0.030
學歷	−0.076（−1.696）	0.091	−0.071（−1.810）	0.071
職位級別	0.062（1.255）	0.210	0.141**（3.224）	0.001
婚姻狀況	0.107*（2.035）	0.042	0.071（1.532）	0.126
公司工齡	−0.108（−1.817）	0.070	−0.030（0.578）	0.564
雇主品牌			−0.490***（12.173）	0.000
F值（P值）	2.161（0.045）		23.576（0.000）	
R^2	0.026		0.251	
$R^2_{adj.}$	0.014		0.241	
ΔR^2			0.227	

註：①預測變量為雇主品牌，控制變量為性別、年齡等；②因變量為反離職傾向；③ * 表示 P<0.05，** 表示 P<0.01，*** 表示 P<0.001。

本部分將雇主品牌與離職傾向進行迴歸，由表 5-23 可以看出，控制變量對於離職傾向有顯著的預測作用（P<0.05），迴歸方程結果表明，模型解釋了雇主品牌對離職傾向的影響（$F_{(7, 492)} = 23.576$，P=0.000，$R^2=0.251$）。迴歸系數顯著（β=−0.490，P=0.000），表明雇主品牌與離職傾向的影響呈顯著負相關關係。因此，假設 H1b 得到驗證。

針對 H1c：雇主品牌與工作倦怠負相關，根據相關係數表 5-2，我們可以大致得出雇主品牌與工作倦怠存在相關關係，進一步運用多元線性迴歸對假設 H1c 進行檢驗。迴歸結果如表 5-24 所示。

表 5-24　雇主品牌與工作倦怠的分層多元線性迴歸結果

變量	Beta（T值）	P值	Beta（T值）	P值
性別	−0.011（−0.235）	0.815	0.044（1.191）	0.234
年齡	0.066（0.988）	0.324	0.116*（2.135）	0.033
學歷	−0.106*（−2.373）	0.018	−0.100**（−2.754）	0.006
職位級別	0.027（0.544）	0.586	0.122**（3.017）	0.003
婚姻狀況	0.078（1.485）	0.138	0.034（0.801）	0.424
公司工齡	−0.163**（−2.742）	0.006	−0.069（−1.419）	0.157

表5-24(續)

變量	Beta（T值）	P值	Beta（T值）	P值
雇主品牌			-0.590（15.848）	0.000
F值（P值）	2.588（0.018）		39.224（0.000）	
R^2	0.031		0.358	
$R^2_{adj.}$	0.019		0.349	
ΔR^2			0.330	

註：①預測變量爲雇主品牌，控制變量爲性別、年齡等；②因變量爲反工作倦怠；③* 表示 P<0.05，** 表示 P<0.01，*** 表示 P<0.001。

本部分將雇主品牌與工作倦怠進行迴歸，由表5-24可得到，控制變量對工作倦怠有顯著的預測作用（P<0.05），迴歸方程結果表明，模型解釋了雇主品牌對工作倦怠的影響（F（7，492）= 39.224，P = 0.000，R^2 = 0.358）。迴歸系數顯著（β = -0.590，P = 0.000），表明雇主品牌對工作倦怠的影響呈顯著負相關關係。因此，假設H1c得到驗證

5.3.2 雇主品牌與基本心理需求的關係

假設H2：雇主品牌與基本心理需求正相關。對此假設進行檢驗，首先作出兩者的散點圖，分別以雇主品牌、基本心理需求爲縱坐標、橫坐標。經過觀察，我們發現雇主品牌與基本心理需求之間基本呈線性關係，隨後對兩者進行線性迴歸。迴歸結果如表5-25所示。

表5-25　雇主品牌與基本心理需求的分層多元線性迴歸結果

變量	Beta（T值）	P值	Beta（T值）	P值
性別	-0.064（-1.418）	0.157	-0.015（-0.399）	0.690
年齡	-0.075（-1.125）	0.261	-0.030*（-0.530）	0.596
學歷	-0.023（-0.524）	0.601	-0.018（-0.477）	0.634
職位級別	-0.136**（-2.771）	0.006	-0.051**（-1.206）	0.228
婚姻狀況	0.096*（1.831）	0.068	0.057（1.272）	0.204
公司工齡	-0.043（-0.729）	0.466	0.040（0.781）	0.435
雇主品牌			0.525***（13.393）	0.000
F值（P值）	2.488（0.022）		28.531（0.000）	
R^2	0.029		0.289	

表5-25(續)

變量	Beta（T值）	P值	Beta（T值）	P值
$R^2_{adj.}$	0.018		0.279	
ΔR^2			0.261	

註：①預測變量爲雇主品牌，控制變量爲性別、年齡等；②因變量爲基本心理需求；③* 表示 P<0.05，** 表示 P<0.01，*** 表示 P<0.001。

從表5-25可以看出，控制變量對基本心理需求有顯著的預測作用（P<0.05）。迴歸方程結果表明，模型較好地解釋了樣本數據對組織忠誠的影響（F（7，492）= 28.531，P = 0.000，R^2 = 0.289）。迴歸系數顯著（β = 0.525，P = 0.000），表明雇主品牌對基本心理需求的影響呈顯著正相關關係。因此，假設 H2 得到驗證。

進一步，檢驗 H2a：雇主品牌與員工自主需求正相關。H2b：雇主品牌與員工勝任需求正相關。H2c：雇主品牌與員工關係需求正相關。迴歸結果如表5-26、表5-27、表5-28 所示。

表5-26　雇主品牌與自主需求的分層多元線性迴歸結果

變量	Beta（T值）	P值	Beta（T值）	P值
性別	-0.033（-0.742）	0.459	0.004（0.098）	0.922
年齡	0.018（0.268）	0.789	0.052（0.855）	0.393
學歷	-0.036（-0.807）	0.420	-0.032（-0.782）	0.434
職位級別	-0.102**（-2.070）	0.039	-0.036（-0.792）	0.429
婚姻狀況	0.090*（1.715）	0.087	0.060（1.244）	0.214
公司工齡	-0.136**（-2.282）	0.023	-0.071（-1.294）	0.196
雇主品牌			0.407***（9.682）	0.000
F值（P值）	2.315（0.033）		15.748（0.000）	
R^2	0.027		0.183	
$R^2_{adj.}$	0.016		0.171	
ΔR^2			0.155	

註：①預測變量爲雇主品牌，控制變量爲性別、年齡等；②因變量爲自主需求；③* 表示 P<0.05，** 表示 P<0.01，*** 表示 P<0.001。

表 5-27　雇主品牌與勝任需求的分層多元線性迴歸結果

變量	Beta（T 值）	P 值	Beta（T 值）	P 值
性別	-0.098** (-2.170)	0.030	-0.064 (-1.519)	0.129
年齡	-0.090 (-1.345)	0.179	-0.059 (-0.941)	0.347
學歷	-0.003 (-0.059)	0.953	0.001 (0.022)	0.892
職位級別	-0.097** (-1.973)	0.049	-0.038 (-0.824)	0.410
婚姻狀況	0.030 (0.579)	0.563	0.004 (0.072)	0.943
公司工齡	-0.030 (-0.510)	0.611	0.028 (0.490)	0.625
雇主品牌			0.364*** (8.494)	0.000
F 值（P 值）	1.986 (0.066)		12.255 (0.000)	
R^2	0.024		0.148	
$R^2_{adj.}$	0.012		0.136	
ΔR^2			0.124	

註：①預測變量爲雇主品牌，控制變量爲性別、年齡等；②因變量爲勝任需求；③* 表示 P<0.05，** 表示 P<0.01，*** 表示 P<0.001。

表 5-28　雇主品牌與關係需求的分層多元線性迴歸結果

變量	Beta（T 值）	P 值	Beta（T 值）	P 值
性別	0.017 (0.381)	0.703	0.062 (1.568)	0.117
年齡	0.086 (1.286)	0.199	0.127* (2.173)	0.030
學歷	-0.076 (-1.696)	0.091	-0.071 (-1.810)	0.071
職位級別	0.062 (1.255)	0.210	0.141** (3.224)	0.001
婚姻狀況	0.107* (2.035)	0.042	0.071 (1.532)	0.126
公司工齡	-0.108 (-1.817)	0.070	-0.030 (0.578)	0.564
雇主品牌			0.490*** (12.173)	0.000
F 值（P 值）	2.161 (0.045)		23.576 (0.000)	
R^2	0.026		0.251	
$R^2_{adj.}$	0.014		0.241	
ΔR^2			0.227	

註：①預測變量爲雇主品牌，控制變量爲性別、年齡等；②因變量爲關係需求；③* 表示 P<0.05，** 表示 P<0.01，*** 表示 P<0.001。

通過雇主品牌與自主需求、勝任需求和關係需求的迴歸結果，可以看出雇

主品牌對自主需求、勝任需求和關係需求有顯著的正向影響，標準化迴歸系數分別爲 β = 0.407（P = 0.000），β = 0.364（P = 0.000），β = 0.490（P = 0.000），拒絕迴歸系數爲 0 的假設，即驗證了假設 H2a，H2b，H2c。從迴歸系數大小來看，雇主品牌與關係需求的迴歸系數略高於其他兩種需求，這說明雇主品牌的建設和維護更有利於員工滿足關係方面的需求。

5.3.3 基本心理需求與員工留任之間的關係

假設 H3：基本心理需求與員工留任正相關。H3a：自主需求與工作倦怠負相關。H3b：自主需求與離職傾向負相關。H3c：自主需求與組織忠誠正相關。H3d：勝任需求與工作倦怠負相關。H3e：勝任需求與離職傾向負相關。H3f：勝任需求與組織忠誠正相關。H3g：關係需求與工作倦怠正相關。H3h：關係需求與離職傾向負相關。H3i：關係需求與組織忠誠正相關。我們運用多元線性迴歸檢驗以上假設。

1. 基本心理需求對員工留任的迴歸檢驗

基本心理需求與員工留任的分層多元線性迴歸結果如表 5-29 所示。

表 5-29　基本心理需求與員工留任的分層多元線性迴歸結果

變量	Beta（T值）	P值	Beta（T值）	P值
性別	−0.013（−0.293）	0.770	0.025（0.676）	0.500
年齡	0.055（0.828）	0.408	0.100（1.850）	0.065
學歷	−0.069（−1.544）	0.123	−0.055（1.529）	0.127
職位級別	0.008（0.158）	0.874	0.089*（2.211）	0.027
婚姻狀況	0.111*（2.119）	0.035	0.054（1.279）	0.201
公司工齡	−0.156**（−2.612）	0.009	−0.130**（−2.701）	0.007
基本心理需求			0.593***（16.286）	0.000
F值（P值）	2.198（0.042）		40.786（0.000）	
R^2	0.026		0.367	
$R^2_{adj.}$	0.014		0.358	
ΔR^2			0.341	

註：①預測變量爲關係需求，控制變量爲性別、年齡等；②因變量爲離職傾向；③ * 表示 P<0.05，** 表示 P<0.01，*** 表示 P<0.001；④VIF<3。

假設 H3：基本心理需求與員工留任正相關。對此假設進行檢驗，首先作出兩者的散點圖，分別以基本心理需求、員工留任爲縱、橫坐標。經過觀察，我們發現雇主品牌與基本心理需求之間基本呈線性關係，隨後對兩者進行線性

迴歸。迴歸方程結果表明，模型較好地解釋了樣本數據對員工留任的影響（F = 40.786，P = 0.000，R2 = 0.367）。迴歸系數顯著（β = 0.593，P = 0.000），表明基本心理需求對員工留任的影響呈顯著正相關關係。因此，假設 H3 得到驗證。接下來，我們以基本心理需求的各個維度為自變量，分別檢驗其與員工留任各維度之間的關係。

2. 基本心理需求各維度對員工留任各位維度的迴歸檢驗

自主需求與工作倦怠的分層多元線性迴歸結果如表 5-30 所示。

表 5-30　　自主需求與工作倦怠的分層多元線性迴歸結果

變量	Beta（T 值）	P 值	Beta（T 值）	P 值
性別	−0.044（−0.978）	0.329	−0.032（−0.766）	0.444
年齡	−0.017（−0.249）	0.803	−0.023（−0.365）	0.715
學歷	0.010（0.214）	0.831	0.022（0.528）	0.598
職位級別	−0.077（−1.556）	0.120	−0.041（−0.884）	0.377
婚姻狀況	0.097（1.853）	0.064	0.066（1.333）	0.383
公司工齡	−0.127**（−2.134）	0.033	−0.080（−1.418）	0.157
自主需求			−0.350***（8.269）	0.000
F 值（P 值）	1.908（0.078）		11.627（0.000）	
R^2	0.023		0.142	
$R^2_{adj.}$	0.011		0.130	
ΔR^2			0.119	

註：①預測變量為雇主品牌，控制變量為性別、年齡等；②因變量為組織忠誠；③ * 表示 P<0.05，** 表示 P<0.01，*** 表示 P<0.001；④VIF<3。

自主需求與離職傾向的分層多元線性迴歸結果如表 5-31 所示。

表 5-31　　自主需求與離職傾向的分層多元線性迴歸結果

變量	Beta（T 值）	P 值	Beta（T 值）	P 值
性別	−0.011（−0.235）	0.815	0.003（0.082）	0.935
年齡	0.066（0.988）	0.324	0.058（0.963）	0.336
學歷	−0.106*（−2.373）	0.018	−0.091**（−2.237）	0.026
職位級別	0.027（0.544）	0.586	0.069（1.540）	0.124
婚姻狀況	0.078（1.485）	0.138	0.040（0.844）	0.399
公司工齡	−0.163**（−2.742）	0.006	−0.107*（−1.958）	0.051

表5-31（續）

變量	Beta（T值）	P值	Beta（T值）	P值
自主需求			-0.416*** （10.173）	0.000
F值（P值）	2.588（0.018）		17.462（0.000）	
R^2	0.031		0.199	
$R^2_{adj.}$	0.019		0.188	
ΔR^2			0.169	

註：①預測變量爲雇主品牌，控制變量爲性別、年齡等；②因變量爲工作倦怠；③* 表示 P<0.05，** 表示 P<0.01，*** 表示 P<0.001；④VIF<3。

自主需求與組織忠誠的分層多元線性迴歸結果如表5-32所示。

表 5-32　　自主需求與組織忠誠的分層多元線性迴歸結果

變量	Beta（T值）	P值	Beta（T值）	P值
性別	0.017（0.381）	0.703	0.031（0.765）	0.444
年齡	0.086（1.286）	0.199	0.078（1.293）	0.197
學歷	-0.076（-1.696）	0.091	-0.061（-1.492）	0.136
職位級別	0.062（1.255）	0.210	0.105** （2.337）	0.020
婚姻狀況	0.107* （2.035）	0.042	0.069（1.440）	0.150
公司工齡	-0.108（-1.817）	0.070	-0.051（-0.935）	0.350
自主需求			0.423*** （10.341）	0.000
F值（P值）	2.161（0.045）		17.526（0.000）	
R^2	0.026		0.200	
$R^2_{adj.}$	0.014		0.188	
ΔR^2			0.174	

註：①預測變量爲雇主品牌，控制變量爲性別、年齡等；②因變量爲離職傾向；③* 表示 P<0.05，** 表示 P<0.01，*** 表示 P<0.001；④VIF<3。

通過自主需求與工作倦怠、離職傾向、組織忠誠的迴歸結果，可以看出自主需求對工作倦怠、離職傾向、組織忠誠有顯著的正向影響。標準化迴歸系數分別爲 β = -0.350（P = 0.000）、β = -0.416（P = 0.000）、β = 0.423（P = 0.000），拒絕迴歸系數爲0的假設，即自主需求與工作倦怠和離職傾向負相關，與組織忠誠正相關，從而假設 H3a、H3b、H3c 得到驗證。從影響程度即標準化系數大小來看，自主需求對組織忠誠影響最大，其次是離職傾向，最後是工作倦怠。

勝任需求與工作倦怠的分層多元線性迴歸結果如表 5-33 所示。

表 5-33　　勝任需求與工作倦怠的分層多元線性迴歸結果

變量	Beta（T 值）	P 值	Beta（T 值）	P 值
性別	0.011（0.235）	0.815	0.007（0.164）	0.870
年齡	−0.066（−0.988）	0.324	−0.098（−1.554）	0.121
學歷	0.106*（2.373）	0.018	0.103*（2.446）	0.015
職位級別	−0.027（−0.544）	0.586	−0.057（−1.235）	0.217
婚姻狀況	−0.078（−1.485）	0.138	−0.051（−1.031）	0.303
公司工齡	0.163**（2.742）	0.006	0.190***（3.376）	0.001
勝任需求			−0.333***（−7.884）	0.000
F 值（P 值）	2.588（0.018）		11.374（0.000）	
R^2	0.031		0.139	
$R^2_{adj.}$	0.019		0.127	
ΔR^2			0.108	

註：①預測變量爲勝任需求，控制變量爲性別、年齡等；②因變量爲工作倦怠；③* 表示 P< 0.05，** 表示 P<0.01，*** 表示 P<0.001；④VIF<3。

勝任需求與離職傾向的分層多元線性迴歸結果如表 5-34 所示。

表 5-34　　勝任需求與離職傾向的分層多元線性迴歸結果

變量	Beta（T 值）	P 值	Beta（T 值）	P 值
性別	−0.017（−0.381）	0.703	0.021（−0.497）	0.619
年齡	−0.086（−1.286）	0.199	−0.120（−1.911）	0.057
學歷	0.076（1.696）	0.091	0.073（1.736）	0.083
職位級別	−0.062（−1.255）	0.210	−0.094*（−2.037）	0.042
婚姻狀況	−0.107*（−2.035）	0.042	−0.078（−1.595）	0.111
公司工齡	0.108（1.817）	0.070	0.137*（2.439）	0.015
勝任需求			−0.352***（−8.377）	0.000
F 值（P 值）	2.161（0.045）		12.138（0.000）	
R^2	0.026		0.147	
$R^2_{adj.}$	0.014		0.135	
ΔR^2			0.122	

註：①預測變量爲勝任需求，控制變量爲性別、年齡等；②因變量爲離職傾向；③* 表示 P< 0.05，** 表示 P<0.01，*** 表示 P<0.001；④VIF<3。

勝任需求與組織忠誠的分層多元線性迴歸結果如表 5-35 所示。

表 5-35　　勝任需求與組織忠誠的分層多元線性迴歸結果

變量	Beta（T 值）	P 值	Beta（T 值）	P 值
性別	-0.044（-0.978）	0.329	-0.040（-0.952）	0.341
年齡	-0.017（-0.249）	0.803	0.016（0.257）	0.797
學歷	0.010（0.214）	0.831	0.013（0.299）	0.765
職位級別	-0.077（-1.556）	0.120	-0.045（-0.972）	0.332
婚姻狀況	0.097（1.853）	0.064	0.070（1.412）	0.159
公司工齡	-0.127*（-2.134）	0.033	-0.155**（-2.750）	0.006
勝任需求			0.341***（8.079）	0.000
F 值（P 值）	1.908（0.078）		11.173（0.000）	
R^2	0.023		0.137	
$R^2_{adj.}$	0.011		0.125	
ΔR^2			0.114	

註：①預測變量爲勝任需求，控制變量爲性別、年齡等；②因變量爲組織忠誠；③* 表示 P<0.05，** 表示 P<0.01，*** 表示 P<0.001；④VIF<3。

從以上的迴歸結果可以看出，勝任需求對工作倦怠、離職傾向顯著負向影響，對組織忠誠有顯著的正向影響。標準化迴歸系數分別爲 β=-0.333（P=0.000），β=-0.352（P=0.000），β=0.341（P=0.000），從而假設 H3d，H3e，H3f 得到驗證。從迴歸系數大小來看，也就是從影響程度大小來看，勝任需求對離職傾向影響最大，對組織忠誠和工作倦怠的影響次之。

關係需求與工作倦怠的分層多元線性迴歸結果如表 5-36 所示。

表 5-36　　關係需求與工作倦怠的分層多元線性迴歸結果

變量	Beta（T 值）	P 值	Beta（T 值）	P 值
性別	0.011（0.235）	0.815	-0.019（-0.444）	0.657
年齡	-0.066（-0.988）	0.324	-0.093（-1.463）	0.144
學歷	0.106*（2.373）	0.018	0.105*（2.470）	0.014
職位級別	-0.027（-0.544）	0.586	0.056（-1.196）	0.232
婚姻狀況	-0.078（-1.485）	0.138	-0.068（-1.372）	0.171
公司工齡	0.163**（2.742）	0.006	0.154**（2.713）	0.007

表5-36(續)

變量	Beta（T值）	P值	Beta（T值）	P值
關係需求			−0.303*** （−7.085）	0.000
F值（P值）	2.588（0.018）		9.611（0.000）	
R^2	0.031		0.120	
$R^2_{adj.}$	0.019		0.108	
ΔR^2			0.090	

註：①預測變量爲關係需求，控制變量爲性別、年齡等；②因變量爲工作倦怠；③* 表示 P<0.05，** 表示 P<0.01，*** 表示 P<0.001；④VIF<3。

關係需求與離職傾向的分層多元線性迴歸結果如表5-37所示。

表5-37　關係需求與離職傾向的分層多元線性迴歸結果

變量	Beta（T值）	P值	Beta（T值）	P值
性別	−0.017（−0.381）	0.703	−0.049（−1.144）	0.253
年齡	−0.086（−1.286）	0.199	−0.115（−1.818）	0.070
學歷	0.076（1.696）	0.091	0.075（1.771）	0.077
職位級別	−0.062（−1.255）	0.210	−0.093*（−1.996）	0.046
婚姻狀況	−0.107*（02.035）	0.042	−0.097（−1.951）	0.052
公司工齡	0.108（1.817）	0.070	0.098（1.744）	0.082
關係需求			−0.325***（−7.635）	0.000
F值（P值）	2.161（0.045）		10.396（0.000）	
R^2	0.026		0.129	
$R^2_{adj.}$	0.014		0.116	
ΔR^2			0.103	

註：①預測變量爲關係需求，控制變量爲性別、年齡等；②因變量爲離職傾向；③* 表示 P<0.05，** 表示 P<0.01，*** 表示 P<0.001；④VIF<3。

關係需求與組織忠誠的分層多元線性迴歸結果如表5-38所示。

表5-38　關係需求與組織忠誠的分層多元線性迴歸結果

變量	Beta（T值）	P值	Beta（T值）	P值
性別	−0.044（−0.978）	0.329	−0.010（−0.235）	0.815

表5-38(續)

變量	Beta（T值）	P值	Beta（T值）	P值
年齡	-0.017（-0.249）	0.803	0.015（0.234）	0.815
學歷	0.010（0.214）	0.831	0.010（0.250）	0.803
職位級別	-0.077（-1.556）	0.120	-0.043（-0.921）	0.357
婚姻狀況	0.097（1.853）	0.064	0.087（1.760）	0.079
公司工齡	-0.127*（-2.134）	0.033	-0.117*（-2.085）	0.038
關係需求			0.349***（8.250）	0.000
F值（P值）	1.908（0.078）		11.580（0.000）	
R^2	0.023		0.141	
$R^2_{adj.}$	0.011		0.129	
ΔR^2			0.119	

註：①預測變量爲關係需求，控制變量爲性別、年齡等；②因變量爲組織忠誠；③* 表示 P<0.05，** 表示 P<0.01，*** 表示 P<0.001；④VIF<3。

以上迴歸方程結果表明，關係需求對工作倦怠、離職傾向顯著負向影響，對組織忠誠有顯著的正向影響。標準化迴歸系數分別爲 β = -0.303（P = 0.000），β = -0.325（P = 0.000），β = 0.349（P = 0.000），從而假設 H3h、H3i、H3g 得到驗證。從影響程度即標準化系數大小來看，關係需求對組織忠誠影響最大。

5.3.4 基本心理需求的仲介作用

1. 仲介效應檢驗簡介

仲介變量和調節變量一直到20世紀80年代才由研究者 Baron 作爲研究方法提出。Baron 指出調節與仲介不同，並將兩者加以區分。① 早期的研究，很多都是以變量之間的直接相關關係爲基礎的，隨著研究的深入，學者們希望從基本的相關關係和因果關係背後，挖出其中的影響機制以及在不同條件下相互關係的變化。而仲介變量和調節變量的引入，都是爲了在原有的兩個變量關係基礎之上的進一步研究，它們使得自變量與因變量之間的關係鏈更加清晰和完善，不僅解釋了隱藏的變量關係之間的作用機制，也挖掘了關係的適用條件。

---

① BARON R M, KENNY D A. The moderator-mediator variable distinction in social psychological research: Conceptual, strategic, and statistical considerations [J]. Journal of personality and Social Psychology, 1986 (51): 173-1182.

仲介變量和調節變量是有所不同的，仲介變量解釋在自變量變化和因變量隨之變化中間發生了什麼，也就是說，仲介變量解釋關係背後的作用機制，而調節變量解釋的是一個關係在不同條件下是否會有所變化。但是兩者也存在相似的地方，就是都能夠幫助發展我們已有的理論。調節變量使理論對變量間關係的解釋更加精細，仲介變量通過解釋變量之間發生的機制，從而也對理論的發展做出貢獻。所以，兩者雖然側重有所不同，但都是研究的重要組成部分。

將仲介和調節變量引入模型，將使得模型更加豐富，更具研究意義。本研究引入仲介變量——基本心理需求是為了探索雇主品牌是如何影響員工留任的，即：雇主品牌影響基本心理需求，基本心理需求影響員工留任，雇主品牌通過基本心理需求影響員工留任。其次，本研究引入仲介變量——基本心理需求，也是為了進一步探索雇主品牌與員工留任關係之間的內部作用機制。仲介的引入，為組織提供了管理的實踐證據，讓組織意識到，雇主品牌對於員工留任的影響，會受到員工心理需求的影響，所以，組織在企業的管理中，不能一味地關注雇主品牌的建設，還要注重對員工心理需求的把握。

簡單地說，在研究中，自變量 X 影響因變量 Y，並且 X 通過中間變量 M 來影響 Y，M 稱之為仲介變量。[①] 在實際研究中，根據溫忠麟（2004）的建議，我們對仲介效應的檢驗程序如圖 5-1、圖 5-2 所示。

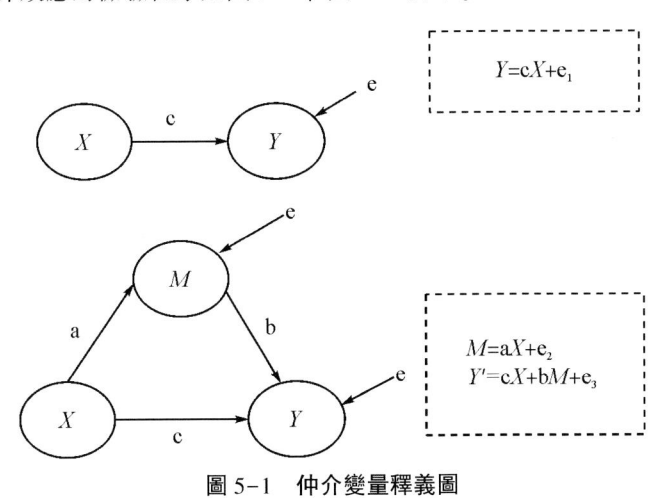

$$Y = cX + e_1$$

$$M = aX + e_2$$
$$Y' = cX + bM + e_3$$

圖 5-1　仲介變量釋義圖

[①] 溫忠麟，張雷，侯杰泰，等. 仲介效應檢驗程序及其應用 [J]. 心理學報，2004，36（5）：614-620.

圖 5-2 仲介效應的檢驗程序

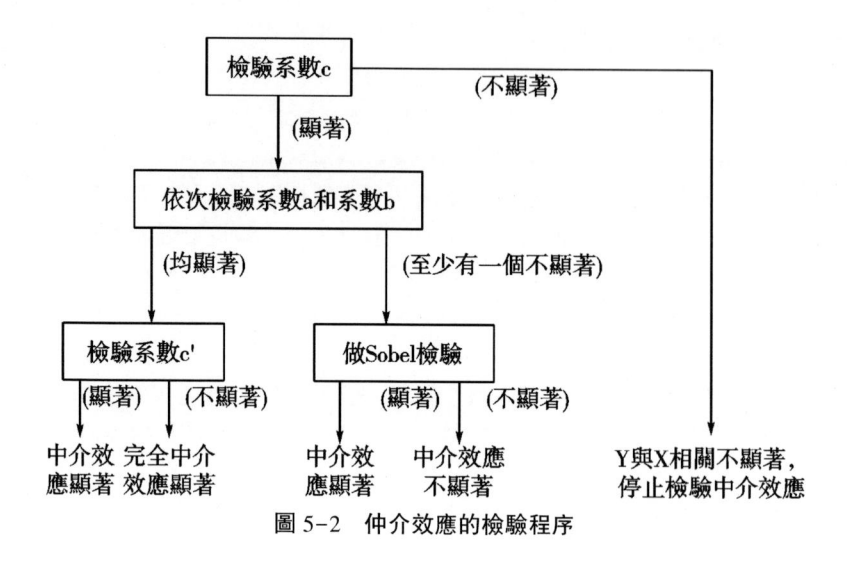

2. 基本心理需求在雇主品牌與員工留任之間的仲介效應檢驗

本部分擬檢驗基本心理需求在雇主品牌與員工留任之間的仲介效應。爲了將變量之間的關係以及需要估計的參數展示得更加明瞭，首先列出各變量之間的關係及檢驗方程式如圖 5-3 所示。

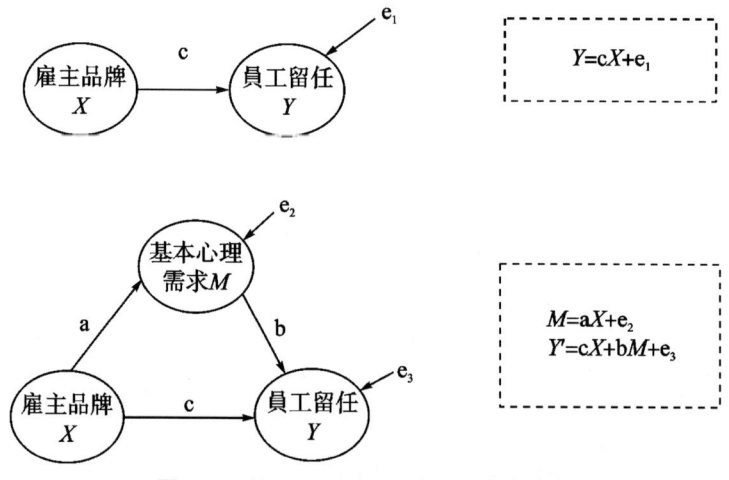

$Y = cX + e_1$

$M = aX + e_2$
$Y' = c'X + bM + e_3$

圖 5-3 基本心理需求的仲介效應檢驗圖

（1）基本心理需求的仲介效應檢驗

本部分對仲介效應的檢驗採用的是上文中介紹的分步驟檢驗方法。爲保證模型估計結果準確，我們需要在多元線性迴歸之前，檢驗自變量及仲介變量之間是否存在多重共線性。簡單的相關係數檢驗法是根據變量之間的線性相關程

度來檢驗多重共線的一種較為簡便的方法。一般而言，如果變量間相關係數大於 0.8，說明兩變量之間高度相關，可以認為存在較為嚴重的多重共線性。根據前文中相關係數矩陣（表 5-2）的情況來看，「雇主品牌」與「自主需求」「關係需求」「勝任需求」之間的相關係數在 0.3 至 0.5 之間，說明它們之間不存在嚴重的多重共線性。由於簡單的相關係數法只能初步地進行判斷，不能衡量出其程度，所以我們利用方差膨脹因子進一步分析變量間是否存在多重共線性及其程度。方差膨脹因子越大，則變量之間的多重共線性越嚴重。經驗表明，方差膨脹因子小於 10 時，可認為不存在多重共線性或者說其共線程度不會影響迴歸參數估計的準確性。本研究將雇主品牌與基本心理需求及其維度進行方差膨脹因子計算，計算結果表明，雇主品牌、基本心理需求及其維度的方差膨脹因子均小於 3，說明變量之間不存在多重共線性，可以做迴歸分析。

根據溫忠麟等（2004）提出的仲介效應檢驗程序，我們採取 Enter 法進行迴歸。迴歸結果見表 5-39 所示。

表 5-39　　　　基本心理需求的仲介效應迴歸分析
（雇主品牌—員工留任）

變量	員工留任 模型 1—1	基本心理需求 模型 1—2	員工留任 模型 1—3
性別	0.054(1.713)	−0.015(−0.399)	0.059*(2.001)
年齡	0.117*(2.518)	−0.030(−0.530)	0.126**(2.919)
學歷	−0.062*(−1.984)	−0.018(−0.477)	−0.056(−1.944)
職位級別	0.126***(3.622)	−0.051(−1.206)	0.141***(4.370)
婚姻狀況	0.057(1.565)	0.057(1.272)	0.040(1.174)
公司工齡	−0.040(−0.945)	0.040(0.781)	−0.052(−1.327)
雇主品牌	0.730***(22.854)[c]	0.525***(13.393)[a]	0.572***(16.473)[c′]
基本心理需求			0.302***(8.840)[b]
F(P 值)	78.492(0.000)	28.531(0.000)	89.216(0.000)
R^2	0.528	0.289	0.592
ΔR^2			0.064

註：表中所列數據為標準化迴歸係數，括號內為對應的 T 值；VIF<3。

雇主品牌對員工留任的總效應，即路徑 c 的標準迴歸係數顯著（β = 0.730，P<0.001）。以基本心理需求為因變量、以雇主品牌為自變量進行迴歸分析，得到路徑 a 顯著（β = 0.525，P<0.001）。以雇主品牌、基本心理需求

爲預測變量，以員工留任爲因變量的迴歸結果中，路徑系數 b 顯著（β = 0.302，P<0.05），同時得到雇主品牌對員工留任的標準迴歸系數 c′顯著（β = 0.572，P<0.05）。以下各變量之間的檢驗方法類似，不再贅述。根據檢驗程序，仲介效應爲 0.159（a×b），仲介效應占總效應的比例爲 21.7%，基本心理需求在雇主品牌與員工留任之間起部分仲介作用，解釋了雇主品牌與員工留任之間的部分作用機理。雇主品牌、基本心理需求、員工留任之間的作用機理模型如圖 5-4 所示。

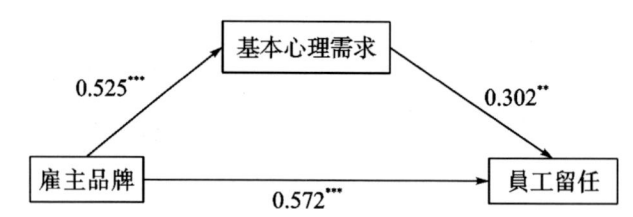

圖 5-4　雇主品牌、基本心理需求、員工留任之間的作用機理模型

下面分別檢驗基本心理需求的三個子維度在雇主品牌與員工留任的三個子維度之間的仲介效應。

（2）自主需求的仲介效應迴歸分析（雇主品牌—工作倦怠）

自主需求在雇主品牌與工作倦怠間的仲介效應迴歸結果如表 5-40 所示。

表 5-40　　　　　　自主需求的仲介效應迴歸分析
（雇主品牌—工作倦怠）

變量	工作倦怠 模型 1—1	自主需求 模型 1—2	工作倦怠 模型 1—3
性別	-0.044(-1.191)	0.004(0.098)	0.043(1.203)
年齡	-0.116*(-2.135)	0.052(0.855)	-0.104*(-1.981)
學歷	0.100**(2.754)	-0.032(-0.782)	0.093**(2.639)
職位級別	-0.122**(-3.017)	-0.036(-0.792)	-0.130***(-3.310)
婚姻狀況	-0.034(-0.801)	0.060(1.244)	-0.021(-0.508)
公司工齡	0.069(1.419)	-0.071(-1.294)	0.054(1.131)
雇主品牌	-0.590*** (-15.848)[c]	0.407*** (9.682)[a]	-0.501*** (-12.714)[c′]
自主需求			-0.219*** (-5.652)[b]
F(P 值)	39.224(0.000)	15.748(0.000)	40.473(0.000)

表5-40(續)

變量	工作倦怠	自主需求	工作倦怠
	模型1—1	模型1—2	模型1—3
R^2	0.358	0.183	0.397
ΔR^2			0.039

註：表中所列數據爲標準化迴歸系數，括號內爲對應的T值；VIF<3。

由表5-40可見，迴歸系數c（β=-0.590，P<0.001）、系數a（β=0.407，P<0.001）、系數b（β=-0.219，P<0.05）都是顯著的，同時可知雇主品牌對工作倦怠的標準迴歸系數c'顯著（β=-0.501，P<0.05）。根據檢驗程序，仲介效應爲0.089（a×b），仲介效應占總效應的比例爲15.1%，自主需求在雇主品牌與工作倦怠之間起部分仲介作用。雇主品牌、自主需求、工作倦怠之間的作用機理模型如圖5-5所示。

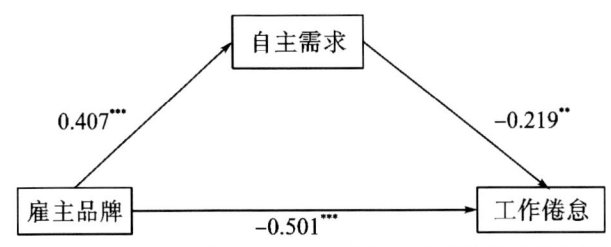

圖5-5 雇主品牌、自主需求、工作倦怠之間的作用機理模型

（3）自主需求的仲介效應迴歸分析（雇主品牌—離職傾向）

自主需求在雇主品牌與離職傾向間的仲介效應迴歸結果如表5-41所示。

表5-41　　　自主需求的仲介效應迴歸分析
（雇主品牌—離職傾向）

變量	離職傾向	自主需求	離職傾向
	模型1—1	模型1—2	模型1—3
性別	-0.062(-1.568)	0.004(0.098)	-0.061(-1.606)
年齡	-0.127*(-2.173)	0.052(0.855)	-0.113*(2.008)
學歷	0.071(1.810)	-0.032(-0.782)	0.062(1.652)
職位級別	-0.141***(-3.224)	-0.036(-0.792)	-0.151***(-3.596)
婚姻狀況	-0.071(-1.532)	0.060(1.244)	-0.054(-1.224)
公司工齡	0.030(0.578)	-0.071(-1.294)	0.011(0.216)

表5-41(續)

變量	離職傾向 模型1—1	自主需求 模型1—2	離職傾向 模型1—3
雇主品牌	-0.490*** (-12.173)[c]	0.407*** (9.682)[a]	-0.378*** (-8.984)[c']
自主需求			-0.274*** (-6.622)[b]
F(P值)	23.576(0.000)	15.748(0.000)	27.907(0.000)
R^2	0.251	0.183	0.313
ΔR^2			0.062

註：表中所列數據爲標準化迴歸系數，括號內爲對應的T值；VIF<3。

從表5-41可以看出，迴歸系數c（β=-0.490，P<0.001）、系數a（β=0.407，P<0.001）、系數b（β=-0.274，P<0.05），以及雇主品牌對離職傾向的標準迴歸系數c'（β=-0.378，P<0.05）都顯著。根據檢驗程序，仲介效應爲0.11（a×b），仲介效應占總效應的比例爲22.8%，自主需求在雇主品牌與離職傾向之間起部分仲介作用。雇主品牌、自主需求、離職傾向之間的作用機理模型如圖5-6所示。

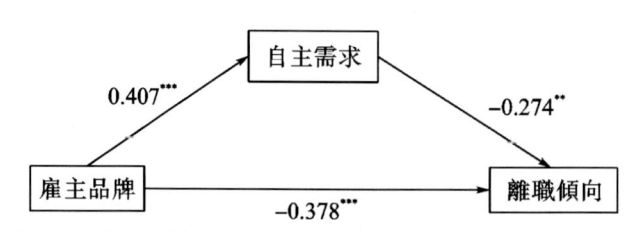

圖5-6　雇主品牌、自主需求、離職傾向之間的作用機理模型

（4）自主需求的仲介效應迴歸分析（雇主品牌—組織忠誠）

自主需求在雇主品牌與組織忠誠間的仲介效應迴歸結果如表5-42所示。

表5-42　　　自主需求的仲介效應迴歸分析
（雇主品牌—組織忠誠）

變量	組織忠誠 模型1—1	自主需求 模型1—2	組織忠誠 模型1—3
性別	0.029(1.040)	0.004(0.098)	0.029(1.035)
年齡	0.051(1.227)	0.052(0.855)	0.049(1.173)

表5-42(續)

變量	組織忠誠 模型1—1	自主需求 模型1—2	組織忠誠 模型1—3
學歷	0.017(0.624)	-0.032(-0.782)	0.019(0.674)
職位級別	0.052(1.679)	-0.036(-0.792)	0.054(1.730)
婚姻狀況	0.039(1.176)	0.060(1.244)	0.036(1.096)
公司工齡	-0.001(-0.014)	-0.071(-1.294)	0.003(0.068)
雇主品牌	0.798***(27.904)[c]	0.407***(9.682)[a]	0.780***(25.036)[c']
自主需求			0.043(1.408)[b]
F(P值)	115.446(0.000)	15.748(0.000)	101.465(0.000)
R^2	0.622	0.183	0.623
ΔR^2			0.001

註：表中所列數據爲標準化迴歸系數，括號內爲對應的T值；VIF<3。

從表5-42中可以看出，系數c（β=0.798，P<0.001）、系數a（β=0.407，P<0.001）顯著，然而以雇主品牌、自主需求爲預測變量，以組織忠誠爲因變量的迴歸結果中，路徑系數b不顯著，故自主需求在雇主品牌與組織忠誠之間的仲介效應不存在。

（5）勝任需求的仲介效應迴歸分析（雇主品牌—工作倦怠）

勝任需求在雇主品牌與工作倦怠之間的仲介效應的迴歸結果如表5-43所示。

表5-43　　　勝任需求的仲介效應迴歸分析

（雇主品牌—工作倦怠）

變量	工作倦怠 模型1—1	勝任需求 模型1—2	工作倦怠 模型1—3
性別	-0.044(-1.191)	0.021(0.502)	-0.041(-1.119)
年齡	-0.116*(-2.135)	-0.066(-1.052)	-0.126*(-2.354)
學歷	0.100**(2.754)	-0.005(-0.129)	0.099**(2.773)
職位級別	-0.122**(-3.017)	-0.036(-0.758)	-0.127***(-3.197)
婚姻狀況	-0.034(-0.801)	0.054(1.098)	-0.026(-0.615)
公司工齡	0.069(1.419)	0.136*(2.392)	0.090(1.860)

表5-43(續)

變量	工作倦怠 模型1—1	勝任需求 模型1—2	工作倦怠 模型1—3
雇主品牌	-0.590***(-15.848)[c]	0.350***(8.098)[a]	-0.537***(-13.742)[c']
勝任需求			-0.153***(-3.993)[b]
F(P值)	39.224(0.000)	10.781(0.000)	37.357(0.000)
R^2	0.358	0.133	0.378
ΔR^2			0.020

註：表中所列數據爲標準化迴歸系數，括號內爲對應的T值；VIF<3。

從表5-43可知，系數c（β=-0.590，P<0.001）、系數a（β=0.350，P<0.001）、系數b（β=-0.153，P<0.05）都顯著，同時雇主品牌對工作倦怠的標準迴歸系數c'（β=-0.537，P<0.05）也是顯著的。根據檢驗程序，仲介效應爲-0.054（a×b），仲介效應占總效應的比例爲9.1%，勝任需求在雇主品牌與工作倦怠之間起部分仲介作用，假設H3d得證。雇主品牌、勝任需求、工作倦怠之間的作用機理模型如圖5-7所示。

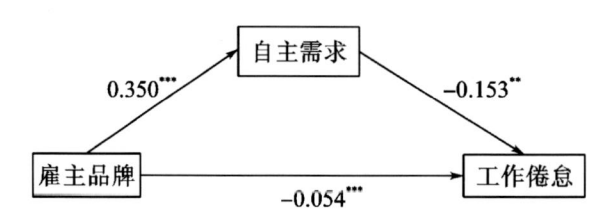

圖5-7 雇主品牌、勝任需求、工作倦怠之間的作用機理模型

（6）勝任需求的仲介效應迴歸分析（雇主品牌—離職傾向）

勝任需求在雇主品牌與離職傾向間的迴歸結果如表5-44所示。

表5-44　　　　勝任需求的仲介效應迴歸分析
（雇主品牌—離職傾向）

變量	離職傾向 模型1—1	勝任需求 模型1—2	離職傾向 模型1—3
性別	-0.062(-1.568)	0.021(0.502)	-0.058(-1.491)
年齡	-0.127*(-2.173)	-0.066(-1.052)	-0.141*(-2.474)
學歷	0.071(1.810)	-0.005(-0.129)	0.070(1.827)
職位級別	-0.141***(-3.224)	-0.036(-0.758)	-0.148***(-3.484)

表5-44(續)

變量	離職傾向 模型1—1	勝任需求 模型1—2	離職傾向 模型1—3
婚姻狀況	-0.071(-1.532)	0.054(-1.098)	-0.059(1.313)
公司工齡	0.030(0.578)	0.136*(2.392)	0.059(1.147)
雇主品牌	-0.490*** (-12.173)[c]	0.350*** (8.098)[a]	-0.415*** (-9.949)[c']
勝任需求			-0.213*** (-5.205)[b]
F(P值)	23.576(0.000)	10.781(0.000)	25.110(0.000)
R^2	0.251	0.133	0.290
ΔR^2			0.039

註：表中所列數據為標準化迴歸系數，括號內為對應的T值；VIF<3。

從表5-44中可以看出，迴歸系數c（β=-0.490，P<0.001）、系數a（β=0.350，P<0.001）、系數b（β=-0.213，P<0.05）都是顯著的，同時雇主品牌對離職傾向的標準迴歸系數c'（β=-0.415，P<0.05）也顯著。根據檢驗程序，仲介效應為0.074（a×b），仲介效應占總效應的比例為15.2%，勝任需求在雇主品牌與離職傾向之間起部分仲介作用，假設H3e成立。雇主品牌、勝任需求、離職傾向之間的作用機理模型如圖5-8所示。

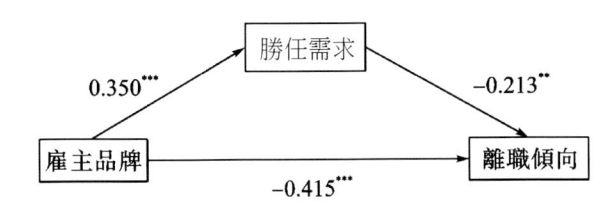

圖5-8 雇主品牌、勝任需求、離職傾向之間的作用機理模型

（7）勝任需求的仲介效應迴歸分析（雇主品牌—組織忠誠）

勝任需求的仲介效應在雇主品牌與組織忠誠間的迴歸結果如表5-45所示。

表 5-45　　　　　勝任需求的仲介效應迴歸分析
（雇主品牌—組織忠誠）

變量	組織忠誠 模型 1—1	勝任需求 模型 1—2	組織忠誠 模型 1—3
性別	0.029(1.040)	0.021(0.502)	.028(.983)
年齡	0.051(1.227)	−0.066(−1.052)	.057(1.368)
學歷	0.017(0.624)	−0.005(−.129)	.018(.645)
職位級別	0.052(1.679)	−.036(−.758)	.055(1.786)
婚姻狀況	0.039(1.176)	.054(1.098)	.034(1.043)
公司工齡	−0.001(−0.014)	.136*(2.392)	−.012(−.317)
雇主品牌	0.798***(27.904)[c]	.350***(8.098)[a]	.769***(25.429)[c′]
勝任需求			.083**(2.819)[b]
F(P 值)	115.446(.000)	10.781(.000)	103.435(.000)
R²	.622	.133	.628
ΔR²			.006

註：表中所列數據爲標準化迴歸系數，括號內爲對應的 T 值；VIF<3。

從表 5-45 中可以看出，迴歸系數 c（β=0.798，P<0.001）、系數 a（β=0.350，P<0.001）以及系數 b（β=0.083，P<0.05）三者都顯著，同時雇主品牌對組織忠誠的標準迴歸系數 c′（β=0.769，P<0.05）也顯著。根據檢驗程序，仲介效應爲 0.029（a×b），仲介效應占總效應的比例爲 3.7%，故勝任需求在雇主品牌與組織忠誠之間的仲介效應成立。雇主品牌、勝任需求、組織忠誠之間的作用機理模型如圖 5-9 所示。

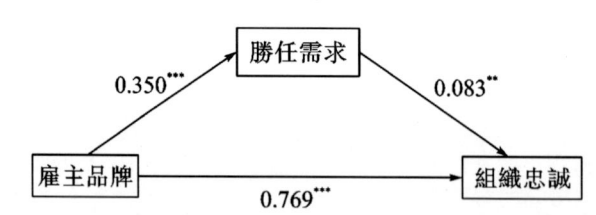

圖 5-9　雇主品牌、勝任需求、組織忠誠之間的作用機理模型

（8）關係需求的仲介效應迴歸分析（雇主品牌—工作倦怠）

關係需求在雇主品牌與工作倦怠間的仲介效應迴歸分析結果如表5-46所示。

表5-46　　　　關係需求的仲介效應迴歸分析
（雇主品牌—工作倦怠）

變量	工作倦怠 模型1—1	關係需求 模型1—2	工作倦怠 模型1—3
性別	-0.044(-1.191)	-0.064(-1.519)	-0.051(-1.391)
年齡	-0.116*(-2.135)	-0.059(-0.941)	-0.122*(-2.268)
學歷	0.100**(2.754)	0.001(0.022)	0.100**(2.777)
職位級別	-0.122**(-3.017)	-0.038(-0.824)	-0.126**(-3.142)
婚姻狀況	-0.034(-0.801)	0.004(0.072)	-0.034(-0.798)
公司工齡	0.069(1.419)	0.028(0.490)	0.072(1.491)
雇主品牌	-0.590*** (-15.848)[c]	0.364*** (8.494)[a]	-0.550*** (-13.892)[c']
關係需求			-0.110** (-2.833)[b]
F(P值)	39.224(0.000)	12.255	35.815(0.000)
R^2	0.358	0.148	0.369
ΔR^2			0.011

註：表中所列數據爲標準化迴歸系數，括號內爲對應的T值；VIF<3。

從表5-46中可以看出，系數c（β=-0.590，P<0.001）、系數a（β=0.364，P<0.001）以及系數b（β=-0.110，P<0.05）都顯著，同時雇主品牌對工作倦怠的標準迴歸系數c'（β=-0.550，P<0.05）也顯著。根據檢驗程序，仲介效應爲0.04（a×b），仲介效應占總效應的比例爲6.7%，關係需求在雇主品牌與工作倦怠之間起部分仲介作用。雇主品牌、關係需求、工作倦怠之間的作用機理模型如圖5-10所示。

（9）關係需求的仲介效應迴歸分析（雇主品牌—離職傾向）

關係需求在雇主品牌與離職傾向間的仲介效應迴歸分析結果如表5-47所示。

```
              關係需求
      0.364***        -0.110**
   雇主品牌  ─────→  工作倦怠
            -0.550***
```

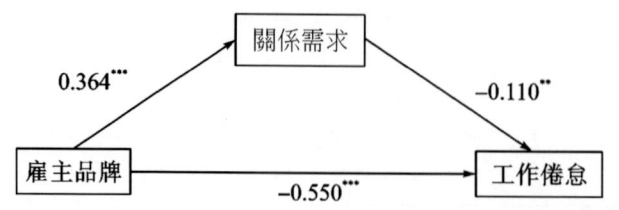

圖 5-10　雇主品牌、關係需求、工作倦怠之間的作用機理模型

表 5-47　　　　　關係需求的仲介效應迴歸分析
（雇主品牌—離職傾向）

變量	離職傾向 模型 1—1	關係需求 模型 1—2	離職傾向 模型 1—3
性別	-0.062(-1.568)	-0.064(-1.519)	-0.074(-1.880)
年齡	-0.127*(-2.173)	-0.059(-0.941)	-0.138*(-2.387)
學歷	0.071(1.810)	0.001(0.022)	0.071(1.845)
職位級別	-0.141***(-3.224)	-0.038(-0.824)	-0.148***(-3.434)
婚姻狀況	-0.071(-1.532)	0.004(0.072)	-0.070(-1.545)
公司工齡	0.030(0.578)	0.028(0.490)	0.035(0.681)
雇主品牌	-0.490*** (-12.173)[c]	0.364*** (8.494)[a]	-0.426*** (-10.050)[c']
關係需求			-0.176*** (-4.227)[b]
F(P 值)	23.576(0.000)	12.255	23.570(0.000)
R^2	0.251	0.148	0.277
ΔR^2			0.026

註：表中所列數據爲標準化迴歸系數，括號內爲對應的 T 值；VIF<3。

　　從表 5-47 中可以看出，系數 c（β=-0.490，P<0.001）、系數 a（β=0.364，P<0.001）以及系數 b（β=-0.176，P<0.05）都顯著，同時雇主品牌對離職傾向的標準迴歸系數 c'（β=-0.426，P<0.05）也顯著。根據檢驗程序，仲介效應爲 0.064（a×b），仲介效應占總效應的比例爲 13.1%，關係需求在雇主品牌與離職傾向之間起部分仲介作用。雇主品牌、關係需求、離職傾向之間的作用機理模型如圖 5-11 所示。

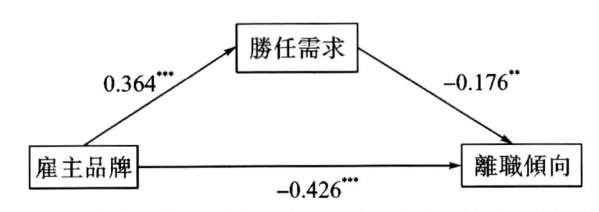

```
           勝任需求
      0.364***    −0.176**
   雇主品牌  ─────→  離職傾向
           −0.426***
```

圖5-11　雇主品牌、關係需求、離職傾向之間的作用機理模型

（10）關係需求的仲介效應迴歸分析（雇主品牌—組織忠誠）

關係需求在雇主品牌與組織忠誠間的仲介效應迴歸分析結果如表5-48所示。

表5-48　　　　關係需求的仲介效應迴歸分析
（雇主品牌—組織忠誠）

變量	組織忠誠 模型1—1	關係需求 模型1—2	組織忠誠 模型1—3
性別	0.029(1.040)	−0.064(−1.519)	0.034(1.224)
年齡	0.051(1.227)	−0.059(−0.941)	0.056(1.345)
學歷	0.017(0.624)	0.001(0.022)	0.017(0.625)
職位級別	0.052(1.679)	−0.038(−0.824)	0.055(1.786)
婚姻狀況	0.039(1.176)	0.004(0.072)	0.038(1.174)
公司工齡	−0.001(−0.014)	0.028(0.490)	−0.003(−0.073)
雇主品牌	0.798***(27.904)[c]	0.364***(8.494)[a]	0.769***(25.273)[c′]
關係需求			0.079**(2.636)[b]
F(P值)	115.446(0.000)	12.255	103.106(0.000)
R^2	0.622	0.148	0.627
ΔR^2			0.005

註：表中所列數據爲標準化迴歸系數，括號內爲對應的T值；VIF<3。

從表5-48中可以看出，迴歸系數c（β=0.798，P<0.001）、系數a（β=0.364，P<0.001）以及系數b（β=0.079，P<0.05）都顯著，同時雇主品牌對組織忠誠的標準迴歸系數c′（β=0.769，P<0.05）也顯著。根據檢驗程序，仲介效應爲0.029（a×b），仲介效應占總效應的比例爲3.7%，故關係需求在雇主品牌與組織忠誠之間的仲介效應成立。雇主品牌、關係需求、組織忠誠之間的作用機理模型如圖5-12所示。

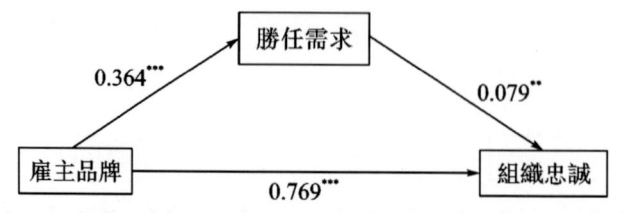

圖 5-12　雇主品牌、關係需求、組織忠誠之間的作用機理模型

5.4　調節效應檢驗

簡單地說，如果兩個變量之間的關係（如 X 與 Y 之間的關係）受到另一個變量 M 的影響，那麼變量 M 就是調節變量。① 含有調節變量的問題一般會這樣陳述：「在什麼樣的情況下」或者「對於什麼樣的人」，變量 X 能夠更好地預測 Y，或者 X 對 Y 的影響是否有變化，是增強還是減弱。比如，Martins (2009) 在研究工作—家庭衝突與職業滿意度的關係中的調節變量時發現，性別不同，兩者之間的關係也不同，對於女性來說這個關係在任何年齡段都是顯著的，而對男性來說並不是都有相同的影響。這裡，性別就作為一個調節變量，影響了自變量（工作—家庭衝突）與因變量（職業滿意度）之間的關係。這種有調節變量的模型一般用圖 5-13 表示。

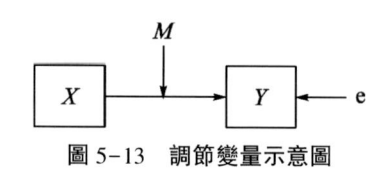

圖 5-13　調節變量示意圖

5.4.1　破壞性領導的調節作用檢驗

為驗證假設 H5，我們分三步分別做變量之間的迴歸，檢驗特定迴歸係數是否顯著。檢驗結果匯總如表 5-49 所示。

---

① 陳曉萍，徐淑英，樊景立. 組織與管理研究的實證方法 [M]. 北京：北京大學出版社，2012.

表 5-49　　　　　　破壞性領導對雇主品牌與
基本心理需求之間關係的調節效應

變量	基本心理需求		
	模型 1—1	模型 1—2	模型 1—3
性別	-0.064（-1.418）	-0.015（-0.399）	-0.005（-0.136）
年齡	-0.075（-1.125）	-0.030（-0.530）	-0.026（-0.465）
學歷	-0.023（-0.524）	-0.018（-0.477）	-0.021（-0.564）
職位級別	-0.136（-2.771）	-0.051（-1.206）	-0.071（-1.738）
婚姻狀況	0.096（1.831）	0.057（1.272）	0.059（1.355）
公司工齡	-0.043（-0.729）	0.040（0.781）	0.028（0.567）
雇主品牌		0.525***（13.393）	0.567***（14.806）
雇主品牌 X 破壞性領導			-0.238***（-6.353）
F（P值）	2.488（0.022）	28.531（0.000）	32.007（0.000）
R^2	0.029	0.289	0.343
ΔR^2		0.26	0.054

註：①表中的 b 值爲標準化的迴歸系數；②* 表示 P<0.1，** 表示 P<0.05；③以上分析中變量均已做中心化處理，參考溫忠麟的有仲介的調節處理辦法。

從迴歸結果發現，破壞性領導在雇主品牌和基本心理需求的關係中產生負向調節的作用（β=-0238，P=0.01），因此假設 H5 得到驗證。即破壞性領導的影響越強，越會削弱雇主品牌對基本心理需求的正向影響。

5.4.2　工作—家庭支持的調節作用檢驗

爲了檢驗假設 H6，我們運用統計分析軟件進行層級迴歸分析，檢驗工作—家庭支持在基本心理需求和員工留任之間的調節作用，迴歸結果如表 5-50 所示。

表 5-50　　　　　　工作—家庭支持對基本心理需求與
員工留任之間關係的調節效應

變量	員工留任		
	模型 1—1	模型 1—2	模型 1—3
性別	-0.013（-0.293）	0.025（0.676）	0.025（0.702）

表5-50(續)

變量	員工留任		
	模型1—1	模型1—2	模型1—3
年齡	0.055（0.828）	0.100（1.850）	0.084（1.590）
學歷	-0.069（-1.544）	-0.055（-1.529）	-0.052（-1.463）
職位級別	0.008（0.158）	0.089*（2.211）	0.090*（2.287）
婚姻狀況	0.111*（2.119）	0.054（1.279）	0.053（1.265）
公司工齡	-0.156**（-2.612）	-0.130**（-2.701）	-0.114*（-2.408）
基本心理需求		0.593***（16.286）	0.562***（15.376）
基本心理需求×工作—家庭支持			0.149***（4.122）
F（P值）	2.198（0.042）	40.786（0.000）	38.972（0.000）
R^2	0.026	0.367	0.388
ΔR^2		0.341	0.021

註：①表中的b值爲標準化的迴歸系數；②* 表示 $P<0.1$，** 表示 $P<0.05$，*** 表示 $P<0.001$；③以上分析中變量均已做中心化處理；④因變量爲員工留任。

從迴歸結果可知，工作—家庭支持在基本心理需求和員工留任的關係中產生正向調節的作用（$\beta=0.149$，$P=0.01$），因此假設H6得到驗證。即：工作—家庭支持程度越高，越會強化員工基本心理需求對員工留任的正向影響。

5.5 研究假設檢驗結果匯總

研究假設檢驗結果匯總如表5-51所示。

表5-51　　　　　　研究假設檢驗結果匯總表

假設序號	假設內容	是否得到支持
H1	雇主品牌對員工留任有正向影響	是
H1a	雇主品牌與組織忠誠正相關	是
H1b	雇主品牌與離職傾向負相關	是
H1c	雇主品牌與工作倦怠負相關	是

表5-51(續)

假設序號	假設內容	是否得到支持
H2	雇主品牌與基本心理需求正相關	是
H2a	雇主品牌與員工自主需求正相關	是
H2b	雇主品牌與員工勝任需求正相關	是
H2c	雇主品牌與員工關係需求正相關	是
H3	基本心理需求與員工留任正相關	是
H3a	自主需求與工作倦怠負相關	是
H3b	自主需求與離職傾向負相關	是
H3c	自主需求與組織忠誠正相關	否
H3d	勝任需求與工作倦怠負相關	是
H3e	勝任需求與離職傾向負相關	是
H3f	勝任需求與組織忠誠正相關	是
H3g	關係需求與工作倦怠正相關	是
H3h	關係需求與離職傾向負相關	是
H3i	關係需求與組織忠誠正相關	是
H4	基本心理需求在雇主品牌與員工留任之間起仲介效應	是
H5	破壞性領導在雇主品牌與基本心理需求之間起調節作用	是
H6	工作—家庭支持在基本心理需求和員工留任之間起調節作用	是

6 結論與展望

本章根據前文的大樣本實證分析結果，結合理論模型，探討各構念之間的相關聯繫，剖析本研究的相關結論，針對所得出的結論提出相應的管理實踐意義和啟示，最後指出本研究的局限性並對後續研究進行展望。

6.1 研究結論與討論

本研究依託自我決定理論、心理契約理論和社會交換理論，提出雇主品牌對員工留任的影響機制模型，比較深入地闡述了兩者之間的關係及其作用機制與邊界條件。研究發現，在無邊界職業生涯時代，雇主品牌是影響員工留任的重要影響因素（是否有作用），初步闡述了雇主品牌對員工留任的內部作用機制（怎樣起作用），進而揭示出員工做出不同選擇的情境變量（何時起作用）。這些結論一定程度上豐富了雇主品牌與員工留任的研究內容，有助於後續相關研究的開展。

本研究針對雇主品牌、基本心理需求、員工留任等一系列相關問題，本著理論為實踐提供支持的觀念，緊密結合模型對本研究的假設檢驗，對本研究的假設檢驗在本土情境下進行進一步分析，得出以下結論：

（1）本研究檢驗人口學統計變量對相關變量及維度的影響程度。本研究通過對性別、婚姻狀況、年齡、學歷、職位級別和公司工齡等人口學統計變量的獨立樣本進行 T 檢驗和單因素方差分析檢驗，發現人口學統計變量對各變量及維度的影響顯著，單位性質對各變量及維度的影響不顯著。其中，性別對雇主品牌和基本心理需求中的關係需求有顯著影響；從婚姻狀況來看，未婚人員和已婚人員的離職傾向存在顯著差異；在工作倦怠方面，處於 26~30 歲的員工產生工作倦怠的程度顯著低於其他年齡階段；在勝任需求方面，36~40 歲的員工由於正處於職業上升的關鍵時期，因此其勝任需求明顯高於其他年齡階段的員工；從受教育程度來看，不同教育程度的員工在工作倦怠、組織忠誠、離職傾向、自主需求四方面存在顯著差異；從職位級別來看，雇主品牌、破壞性領導、自主需求以及關係需求的顯著性水平均在 0.05 以下。進一步研究發現，

高層管理人員對破壞性領導的感知強於處於中層、基層的管理人員和普通員工，基層管理人員的關係需求顯著高於普通員工；此外中層管理人員對於企業雇主品牌的感知顯著高於普通員工；最後，因爲中基層管理人員在企業組織中具有一定的職業地位，所以處於中層、基層職位的員工的自主需求顯著高於普通員工。

（2）雇主品牌是員工留任的重要前因變量。我們從主效應分析，發現雇主品牌對員工留任具有正向預測作用；進一步分維度研究發現，雇主品牌和組織忠誠正相關，與離職傾向和工作倦怠負相關。因爲本書將離職傾向和工作倦怠作爲反向構念處理，所以第五部分研究假設得出的相關係數均爲正值。

主效應的研究結果顯示，雇主品牌顯著影響員工留任意向及其行爲，這一研究與 Backhaus 和 Tikoo（2004）、張宏（2014）的研究結論一致。從員工留任各維度的分效應看，雇主品牌正向顯著影響員工的組織忠誠，負向顯著影響員工的工作倦怠和離職傾向。這說明，雇主品牌是員工一種獨特的雇傭體驗以及傳遞雇傭價值的承諾（Versant, 2011; Dave Lefkou, 2001; Rogers, et al., 2003; Ann Zuo, 2005; Hewitt, 2005），員工基本心理需求的滿足與雇傭體驗和雇傭價值之間的良好匹配有助於促進員工留任。當然，企業塑造良好的雇主品牌需要大量的投資，但是組織不能只單向關注投入的成本，而更應關注良好的雇主品牌帶來的長遠價值，比如提高員工的組織認同感和組織自尊、加強內部人身分認知和組織公民行爲，進而提升工作中的自我效能感和工作績效，達到增強組織忠誠、減少工作倦怠和離職傾向的目的，最終促進員工留任。進一步，我們對員工留任進行分維度討論：①就工作倦怠而言，彭凌川（2007）與白玉苓（2010）等的研究都證實良好的雇主品牌建設有利於減少工作中的倦怠，其管理實踐意義在於組織應設法創建一個支持性的環境，減少員工的身心疲憊和工作倦怠。②就離職傾向而言，Kervin（1998）和 Liou（1998）研究發現，雇主品牌的建設能使員工產生滿意感，而員工滿意度又會對人員流動率產生影響，從而間接影響在職員工的離職傾向。本研究以中國員工爲樣本，進行本土化研究，結果顯示雇主品牌與離職傾向的相關係數爲 0.490，顯著性水平爲 0.000，同樣證實了雇主品牌能對離職傾向產生顯著影響這一結論。這說明，根據社會交換和心理契約理論，組織可以通過加強雇主品牌建設，幫助員工設定完善的職業發展規劃並提供與之相匹配的晉升制度，加強員工的工作滿意度，這將減少員工離職和跳槽的數量。③就組織忠誠而言，基本心理需求理論認爲人天生有勝任、自主與關係三大心理需要，所有個體都會努力使得自己的這些需要被滿足，並且趨向於留在能滿足自己的這些基本心理需求的環

境。① 良好的雇主品牌建設便使企業創建了滿足員工基本心理需求的環境，在這樣的工作環境中，員工便會從強制價值認同發展到對內生價值的認同。此外雇主品牌從雇傭承諾角度來看正是一種組織對於員工的承諾（Dave Lefkou, 2001；Rogers, et al., 2003；Ann Zuo, 2005；Hewitt, 2005），所以雇主品牌建設有利於增強組織忠誠。這說明，組織要加強雇主品牌建設，強化員工的內部人身分意識，培育組織忠誠。

（3）雇主品牌是基本心理需求的重要前因變量，對員工的自主需求、勝任需求和關係需求具有顯著的正向預測作用。本研究實證結果表明雇主品牌對員工基本心理需求具有顯著正向影響（β=0.525，P=0.000），也就是說，在企業中，員工的基本心理需求得到滿足時會傾向於長期留任。這一結果驗證了 S-O-R 理論，因為刺激是引發接受者反應的一種外在影響（Namkung, et al., 2010），所以雇主品牌作為員工感知到的雇用體驗，對於員工而言是一種刺激信號。雇主品牌影響員工的基本心理需求，如自主、勝任、關係需求等，然後個體的這種基本心理需求會影響其行為，而行為反應通常是規避/接受行為，結合到具體情境，這裡的接受可以理解為員工留任，而規避則是員工離職或者工作倦怠。這可以從心理契約理論的角度進行解釋。心理契約分為個體的心理契約和組織的心理契約兩個層面（Schein, 1965），在企業中，員工和組織存在內隱協議，員工希望組織創造各種條件滿足其基本心理需求，作為回報，員工會對組織忠誠，減少離職傾向，維護並捍衛組織的雇主品牌。所以，在管理實踐中，企業為員工創造獨特的雇傭體驗有助於滿足員工的多層次、多類型的心理需求，這樣的企業才能留住現有員工，創造獨特的競爭優勢。

（4）基本心理需求在雇主品牌與員工留任之間起仲介作用，仲介效應占總效應的比例為 21.7%。除了自主需求在雇主品牌與組織忠誠之間的仲介作用沒有通過，其餘仲介作用均得到了驗證。這說明，雇主品牌既能直接作用於員工留任，也通過基本心理需求對員工留任產生間接影響。

研究表明，雇主品牌對員工留任有顯著影響（Edwards, 2011；Backhaus, Tikoo, 2004；Barrow, Rosethorn, Wilkinson, Peasnell, Davies, 2006；Will Rush, 2001；符益群，2003）。本研究在此基礎上，引入「基本心理需求」解釋兩者關係的內部機制。將員工行為的內在機制最終與其基本心理需求結合起來形成了本研究的一大創新點。心理學家普遍認為未滿足的需求是激勵人類行為的出發點（羅珉，2009）。本研究根據這一心理學原理將基本心理需求引入模型，以探索雇主品牌與員工留任之間的內在作用機制，為提高員工的組織忠誠、減少工作倦怠和降低離職傾向提供了具體的實施路徑，即滿足員工的基本

---

① DECI E L, RYAN R M. The「what」and「why」of goal pursuits: human needs and the self-determination of behavior [J]. Psychological Inpuiry, 2000（11）: 227-268.

心理需求，使員工對企業產生滿意度，這和 Edwards（1960）的結論是一致的。進一步地，本研究將基本心理需求分爲三個維度，並分別進行了檢驗，試圖發現三種不同的心理需求對員工留任的影響程度和作用方向，使組織在滿足員工需求時更加具有針對性。如企業可以通過分權與授權、增加工作靈活度、建立任務小組等提高員工對工作內容和方式的選擇自主性，從而滿足員工的自主需求；通過開展培訓、進行流程標準化、提供工作支持等措施使員工能更有效地完成工作，從而滿足其勝任需求；通過樹立「以人爲本」的組織文化，進行心理輔導，強調團體友誼，注意發揮非正式團體在員工之間的紐帶、凝聚作用，爲員工創造一個舒適的工作環境，滿足員工的關係需求。

員工留任分爲三個維度，即工作倦怠、離職傾向、組織忠誠，本研究依次對其進行驗證，結果表明基本心理需求及其子維度對員工留任的子維度均有顯著的影響。將員工留任進行子維度細分有兩方面考慮：一方面，員工留任細分爲三個維度將使其內容更加全面，更能準確有效地反應其內涵，使結果更具說服力；另一方面，將員工留任進行細分有利於指導實踐。

員工留任分維度檢驗有以下好處：一是細分員工留任，能夠使我們更加準確地發現不同員工的更具體的問題。二是針對不同的具體問題，我們能夠對症下藥，如員工工作倦怠可能是由員工能力與工作內容不匹配引起，組織就可以通過提供培訓支持以及變更任務內容等來解決問題；而離職傾向則可能是由薪資、發展前景問題引起，組織可以提供更具激勵性的工資（如與績效掛勾）和提出更加靈活合理的晉升制度來解決這一問題。本研究通過對員工留任細分，使組織在實際工作中面對員工留任問題時，可以及早發現，進行「望聞問切」，而不至於「病入膏肓」時無藥可醫。

（5）基本心理需求是員工留任的重要前因變量。從迴歸結果來看，基本心理需求顯著影響員工留任，進一步分維度研究發現，勝任需求、關係需求和工作倦怠、離職傾向、組織忠誠顯著相關，自主需求與工作倦怠、離職傾向顯著相關，與組織忠誠不顯著相關，整體而言，基本心理需求對員工留任具有顯著的正向預測作用。

本研究借鑑自我決定理論、心理契約理論及社會交換理論，將員工的行爲（員工留任）視爲基本需求的產物，這符合大多數心理學家的看法，即人類的一切行爲都離不開未滿足的需要。本研究實證分析表明基本心理需求正向顯著影響員工留任，爲組織通過滿足員工基本心理需求進而實現員工留任提供了智力支持。

（6）破壞性領導通過基本心理需求在雇主品牌與員工留任關係中起調節作用。本研究是在前述基本心理需求的仲介效應成立的前提下，進一步明晰在何種情況下，雇主品牌通過基本心理需求影響員工留任的意願變化。根據自我決定理論的子理論——認知評價理論，本研究引入外部環境因素「破壞性領

導」作調節變量，調節自變量通過仲介變量影響結果變量這一關係。認知評價理論認爲，個體行爲受外部因素影響，而領導風格正是員工個體面臨的重要的外部情境因素。

實證分析的結果表明，破壞性領導的出現會降低員工基本心理需求滿足度，進而降低員工留任概率；破壞性領導對下屬而言可能會降低員工工作驅動力和滿意度，對組織而言，會降低其完成任務和分配資源的效率（Vrendenburgh，1998）。領導的消極情緒及他的行爲特點會對下屬的鬥志產生負面影響並造成下屬潛在的破壞性行爲（Dosborough，Ashkanasy，2002）。大部分針對「破壞性領導」單一行爲的研究都指出，「破壞性領導」對於員工的工作態度、正面行爲、心理健康等方面會出現消極影響（鐘慧，邊慧敏，2013），從而影響員工的留任。

（7）工作—家庭支持在基本心理需求和員工留任之間起調節作用。本研究是在前述基本心理需求的仲介效應成立的基礎上，針對基本心理需求可能對員工留任產生影響這一結果，而進一步明晰在何種情況下，基本心理需求對員工留任作用的大小與方向的變化。本研究引入「工作—家庭支持」作調節變量，調節仲介變量與結果變量的關係。研究結果顯示，當工作—家庭支持程度較高時，通過員工基本心理需求的滿足對員工留任的影響變強；當工作—家庭支持程度較低時，通過員工基本心理需求的滿足對員工留任的影響變弱。

工作—家庭支持是工作家庭關係中的一個方面，表現了工作—家庭關係之間的積極作用（Bamet，2001）。根據自我決定理論，環境通過影響個體行爲動機來影響或改變個體行爲（Ryan，1995）。而家庭作爲社會的一個重要組成部分，其對組織成員的基本心理需求具有重要影響（李永鑫，2009）。本研究結果顯示，工作—家庭支持正向調節員工的自主需求、勝任需求和關係需求，這也支持了李永鑫等人的研究結論。與此同時，Kilic（2007）發現，在家庭支持對員工工作滿意度的影響研究中，來自配偶的支持與一些工作相關結果呈顯著正相關關係，即家庭支持越高，員工的工作滿意度越高，工作倦怠越少。Wayne等（2006）的研究發現工作對家庭的促進能夠正向預測員工的情感承諾，而家庭對工作的促進則與員工的離職傾向顯著負相關。這與本研究的工作—家庭支持對員工留任的調節作用結果相一致。因此，家庭支持是調節員工心理需求及其留任行爲的重要因素。

6.2 理論貢獻及管理實踐啟示

6.2.1 研究的理論貢獻

我們的研究以自我決定理論爲理論基礎，在環境與人的主動性行爲影響的

框架中驗證了雇主品牌對員工留任的影響，本研究不僅在員工層面討論了雇主品牌感知對員工留任行為的影響，還在中國情境下驗證了基本心理需求在兩者之間的內部作用機制。此外，本研究採用破壞性領導風格和工作—家庭支持——從領導風格的陰暗面與家庭支持的積極面——「陰陽式」的研究視角討論雇主品牌對員工留任的概念模型的影響作用。我們還採用深度訪談、小樣本測試、大樣本驗證的程序，對雇主品牌在中國情境下的量表進行修訂，這是雇主品牌量表在中國情境下的有效嘗試。總的來說，本研究的主要理論貢獻體現在以下幾個方面：

第一，雖然自我決定理論是組織行為學領域重要的理論，且在長期的研究過程中形成了豐富的研究成果，儘管雇主品牌對員工留任影響的研究較多，但我們的研究首次提出從員工基本心理需求的視角出發，選擇人力資源的本體——員工作為研究對象，探討雇主品牌對員工留任的內部作用機制。以往的研究主要從組織層面來研究，這些研究大多都是從人力資源管理措施入手，站在企業的角度上想方設法去留住員工。但是這一系列的研究並沒有從員工角度出發，忽視了決定員工是否留下的關鍵主體——員工本身。員工作為社會人，隨著社會發展和變化，其期望與心理需求也在不斷變化，而這是導致現當代員工流動性增大的重要因素之一。因此，企業想要長期有效地留住員工，先要留住員工的心，這一邏輯為該領域研究提供了新的研究思路。本研究提出雇主品牌通過基本心理需求的仲介作用影響員工留任，使用數據驗證了這一假設。在先前的研究中，雇主品牌、基本心理需求、員工留任，作為獨立的變量，人們對兩兩關係的研究較多，但是系統地研究三者之間的關係又是本研究的理論貢獻之一。

第二，本研究驗證了破壞性領導在中國情境下對雇主品牌和基本心理需求的負向調節作用，有助於拓展對領導效力的常規性理解。以往關於領導方式的研究中，學者們主要選擇具有積極或中性特質的領導行為作為研究對象，如德行領導（樊景立，2000）、仁慈領導（鄭伯壎，周麗芳，2003）、公僕型領導（Barbuto，Wheeler，2006）、精神型領導（楊付，2014）。而近年來，組織中的「負面行為」（Negative Behaviors）越來越受到學者關注，破壞性領導也逐步進入學者視野（Kellerman，2004）。目前對破壞性領導進行研究的主要是西方學者，研究內容多集中在破壞性領導對組織績效和員工行為的消極影響上，而關於破壞性領導對員工基本心理需求影響的研究很少。已有研究證實在中國組織情境下，破壞性領導對員工基本心理需求影響的研究顯得尤為重要。本研究通過相關實證分析驗證了破壞性領導在中國情境下極大地降低了員工對雇主品牌的感知程度以及員工基本心理需求的滿足程度，豐富了破壞性領導的理論研究。

第三，本研究以自我決定理論為基礎，從員工主觀感知的視角出發，建立

了概念模型來探究員工對雇主品牌的感知與員工留任行為之間的關係。在數據分析過程中，本研究引入了國外成熟量表，並對國外量表進行了部分修訂以適應本土情境。基於國外成熟量表，結合本土樣本數據，本研究對量表進行了標準的翻譯和回譯程序，並在此基礎上對量表進行修訂、完善，如刪除了雇主品牌量表的9道題項，並更改了部分題項的表達，使其更加符合中國的情境。本研究假設雇主品牌對員工留任有正向影響，在雇主品牌對員工留任的假設檢驗過程中，通過層級迴歸分別驗證了三個子假設，即雇主品牌與組織忠誠正相關、雇主品牌與離職傾向負相關、雇主品牌與工作倦怠負相關。由此可見，雇主品牌對員工留任有正向影響的假設得到驗證。因此，本研究修訂國外成熟量表，克服文化背景差異，並進行數據分析，通過假設檢驗，為後續的研究者提供了量表參考。

6.2.2 管理實踐啟示

員工層面：

1. 滿足自主需求對員工留任三個維度的影響

（1）自主需求與員工倦怠關係的啟示

人都有決定自我生活方式的需要，反應在組織中就是員工有自我決定工作內容與工作方式的需要。這種對工作方式上選擇的自主需求無法滿足，將導致員工無法順心地工作，產生內心的緊張，導致工作效率下降，長此以往便會產生工作倦怠。

所以，對員工來說，要主動提升自我，完善自己的職業技能，去適應組織的工作方式和工作環境，使自己在企業能夠更加順心地工作，開心地生活，避免產生工作倦怠。

（2）自主需求與離職傾向關係的啟示

組織作為一種特定的體系（Chester，Harold，Herbert，1988），是一種目標導向的、經過精心構建的社會團體（羅珉，2009）。「目標導向」意味著組織要實現某種目標，每個員工都要完成自己的任務內容，而這些任務的內容對員工的能力提出了要求，如果該任務是員工自主選擇的，任務不能完成將導致員工的自主需求不能得到有效滿足。「精心構建」意味著組織目標的完成需要員工之間的協作。而與他人協作則表明個人之間的行為會相互影響，這就是說作為個體的每個員工不可能得到不受限制的自主權，這可能會讓自主需求較高的員工感到自主決定受到了忽視，從而產生對組織的抵觸情緒，如組織不注重對這方面需求的重視，會導致員工在組織之中找不到自我，失去對組織的歸屬感，從而增強其離職傾向。這要求員工不斷學習，充實自己，讓自己有更強的工作能力以及更大的工作選擇權，從而實現更高的自主需求。

（3）自主需求與組織忠誠關係的啟示

自主需求在於自己做決定，這要求工作的內容與方式要與員工以前的價值體系相符合。如果定位不夠準確，員工在一開始工作就感覺任務內容與自己的行為方式存在嚴重衝突，將對組織產生負面情緒，產生不滿意，從而降低組織忠誠。

因此，員工在進入組織之後，要加強對組織文化的理解和認同，將自己的個人目標與組織目標結合起來，實現相互之間良性的交換關係，達到組織與個人的雙贏，持續保持對組織的高度忠誠。

2. 滿足勝任需求對員工留任三個維度的影響

（1）勝任需求與員工倦怠關係的啟示

勝任需求是指個體感覺自己有能力克服困難的需要，能在最適宜的、富有挑戰性的任務上取得成功並能得到期望的結果（White, 1959）。Deci 和 Ryan（2000）的自我決定理論，提出基本需求沒有得到滿足會損害個體調整行為的能力，並且個體會表現出缺少熱情和認知去調整自己的行為，如工作時間睡覺或者遲到、缺勤等（Ferris, Brower, Heller, 2009；Kuhl, 2000）。工作環境無法滿足員工的勝任需求時，員工可能會消極地減少工作投入或者組織公民行為，增加工作倦怠感。

員工感到能力不足，無法勝任工作和完成任務，可能是因為本身專業技能不夠成熟，也可能是因為其上司總是對他/她提出苛刻的要求。因此，如果員工本身專業技能不熟練，員工本人應注重自我技能的培訓。培訓能通過對員工行為、態度及技能的改變，來達到提升員工的勝任力、提高生產效率和達到組織目標的目的。

（2）勝任需求與離職傾向關係的啟示

Kristof（1996）提出了個人與組織的匹配理論（POF），個人與組織應該存在兩個方面的相容性，即個人與組織有相似的基本特徵；個人與組織至少有一方滿足另一方的需要。在個體滿足組織的需要時，即個體的努力、承諾、經驗、知識、技能等適應組織的需求，這就體現了當組織有任務時，個體有能力完成這項任務。員工感覺無法勝任時，會覺得自己沒有能力完成任務，與組織無法匹配，繼而產生離職傾向，而員工離職的經驗研究表明離職傾向對員工離職行為有明顯的預測作用（Iverson, 1999）。因此員工在發現自己有離職傾向時，應挖掘本身存在的缺陷：是什麼導致了自己與組織的不匹配？是組織配不上員工？還是員工配不上組織？員工應當對自己和組織都有充分的認識，明白自己的優點和缺點在哪裡，哪方面與組織匹配，哪方面存在問題，才能做到及時地修正缺陷，達到與組織的最佳匹配，從而減少自己的離職傾向。

（3）勝任需求與組織忠誠關係的啟示

根據社會交換理論和組織認同理論，組織為員工提供了福利和資源，作為

交換，員工會更認同組織，表現出更高的忠誠度以及更好的組織公民行爲。Greguras 和 Diefendorff（2009）指出，勝任需求得到滿足的員工會對組織有更高的忠誠度。員工應該意識到，對組織的忠誠有利於組織和員工雙方產生共贏的效果，組織給員工提供更好的職業發展機會和平臺，員工報以組織忠誠，以此良性循環，對組織完成其目標和員工得到自我提升都是有利的。

3. 滿足關係需求對員工留任三個維度的影響入手

（1）關係需求與員工倦怠關係的啟示

在傳統的中國社會文化和組織文化中，「關係」是無所不在的。中國人做生意、辦事情都要講「關係」，否則，人們將一事無成。[①] 在現在這個快速發展的社會中，各組織之間的競爭日益激烈，組織內部結構也面臨各種變化，員工團結協作、共同努力才能進一步增強組織的核心競爭力。作爲組織的員工，應該明白單打獨鬥的時代已經過去，只有更好地融入團隊，主動與他人聯繫、溝通形成團體，才能在和周圍的人接觸的過程中感受到別人的關愛，更加舒心地工作，從而提高自己對組織的滿意度，減少在工作時因不順心產生的抵制情緒，同時，也爲自己更美好的職業生涯做好鋪墊。當員工的關係需求得到滿足，也就是說員工之間存在親近關係和私人交流時，員工能夠感覺到自己是組織的一分子，並且可以自由地表達自己的意見，能夠發揮出自己最大的潛能，更好地完成工作。在這樣融洽的關係環境之中，員工的工作壓力會相對減少，自然而然，員工的抱怨聲也會消失，隨之而來的也就是工作倦怠的降低。員工不被負面情緒所困擾，就能更加高效地工作，最後贏得更加美好的職業生涯成就。

（2）關係需求與離職傾向關係的啟示

在無邊界職業生涯時代，員工爲追求高收入、高職位，頻繁地跳槽已成爲一種普遍現象，這種短視行爲對員工職業生涯的發展是十分不利的。因爲，只有連續不間斷地在同一領域工作才能累積有效的工作經驗，只有連續在同一組織長期工作才能獲得組織持續的投資，只有在同一組織長期工作，才能實現自己無論是對內還是對外的關係需求。員工尤其是年輕員工在面臨跳槽選擇時，應當看重組織內可能獲得的職業發展關係資源，利用組織的關係資源實現長遠發展，不應以報酬換取累積知識和經驗的機會。太過頻繁的跳槽也會使自身迷失職業方向，給用人單位造成缺乏穩重和急功近利的感覺。在流動中，個人也要付出較高的直接成本和機會成本，包括原來企業和擬進企業的信任建立、自己所累積的個人資源，或是組織資本的喪失和損耗等。隨著職位的上升，員工在組織內的沉澱成本增加，離職的轉換成本將進一步提高，做出跳槽決定應更加謹慎。員工應著眼於當前組織內部的關係維護，爲自己制定長期的職業生涯

---

① 羅珉. 現代管理學 [M]. 成都：西南財經大學出版社, 2005.

規劃，以降低或減少工作轉換成本。員工開發自己的職業生涯要結合組織的戰略發展方向、組織政策、資源等綜合考慮，盡量使自己的職業期望與組織戰略方向保持一致。

（3）關係需求與組織忠誠

隨著科技不斷進步，人們對信息的獲得更加便捷，組織成員能獲得更多外部信息以及可供選擇的機會。那麼員工就往往不重視自己對組織的忠誠，而這其實是一種狹隘的態度。因爲員工對組織忠誠換來的是更好的組織收益，最終獲利的還是員工自己。如果員工一味地想通過變換工作單位去換取更好的報酬，長遠來看，注定難以獲得更好更長遠的職業生涯規劃，對自己整個職業生涯發展來說，是非常不利的。員工忠誠其實是員工與管理者、員工與員工之間良性互動的體現，員工對關係的需求，能夠促進這種良性互動，從而增強員工與組織之間的心理契約，使得雙方通過相互的「交換」，達到互利共贏的局面。所有的員工都希望在組織中獲得安全感，得到同事更多的關心和照顧，但是獲得這一系列好處的前提是員工自身對組織文化認同和組織本身的忠誠。所以，組織忠誠對於員工自身來講是非常重要的。員工對關係的需求可以直接影響自己對組織忠誠的態度。員工可以從對關係的需求入手，維護好自己在工作生活之中與組織成員的關係，自然將產生組織忠誠感，也自然會得到組織認可，受到組織重視。

組織層面：

1. 組織需要盡可能採取多種措施滿足員工的三種基本心理需求

《中國薪酬白皮書（2012）》公布的數據顯示：目前，中國企業的整體離職率平均水平爲26.8%，而其中平均離職率最高的是製造業，爲35.6%，其次是綜合服務業，爲34.8%，排在第三位的是工程建設行業，爲30.2%。按照區域分佈來說，東部地區的離職率明顯高於中西部地區，其中廣州、深圳的離職率超過30%，爲最高。該調研結果進一步顯示，有60%以上的企業試圖通過加薪的方式來促進員工留任，但是治標不治本，離職率仍然居高不下。馬斯洛需求層次理論指出，人只有在生理、安全需求得到滿足之後，才會追求情感、尊重、自我實現的需求。當前員工需求日趨多樣化，組織要想留住員工，關鍵要識別並滿足員工的基本心理需求。若組織給予員工的各項支持滿足了員工的基本心理需求，依據社會交換理論，作爲回報，員工會提高工作投入水平和對組織的忠誠，降低離職率。而這能爲組織節省成本，增強其核心競爭力，這與組織的目標一致。

組織採取措施滿足員工基本心理需求應該著重放在員工的自主需求、勝任需求和關係需求三個方面。具體可以從以下幾個方面入手：

（1）企業要創造自主支持的組織環境

研究發現，員工需要更多的自主權來決定如何分配工作時間或是如何進行

工作，以便在工作中探索新想法和應用創造力。①② 這要求企業注重滿足員工的自主需要，給予員工自我抉擇的時間和做決定的空間，在企業內部創造一個能夠幫助員工實現自主性的支持環境。比如：在某些事務性工作方面，將權力下放，讓員工能夠自己選擇工作時間和工作方式來完成，這樣一來，不僅可以讓員工覺得組織尊重自己的想法和觀點，也能充分體會到自主選擇的樂趣；將員工的工作豐富化，增強其主人翁意識，激勵員工自我決策，從而使員工產生積極正面的心理效應，讓員工得到自主需求的滿足，最終增強對組織的依賴，並留在組織。

(2) 人在其位、人盡其才，企業要合理地使用員工

中國古代有言：「世有伯樂，然後有千里馬。千里馬常有，而伯樂不常有。」現在社會的人，需求有別，做事的方式、擅長的領域各有不同，這就需要企業去識別人才的不同用處。世上沒有廢人，沒有無用的人。李白說過：「天生我才必有用。」世上只存在由於安排不當不能發揮其才能的情況。所以，在企業之中，企業要識別出各類人才的勝任能力，瞭解其勝任需求，盡量做到人崗匹配、人職匹配。因爲，如果讓員工做與自己能力和期望不符合的事情，很容易受到打擊，不僅得不到鍛煉，反而會使其工作效率低下，產生工作倦怠，最後可能選擇離開企業。與之相反，如果員工能夠在適合的崗位，做著他自己期望做的事情，滿足其勝任需求，那麼員工一定會有高昂的工作激情，高效的工作效率，自然也會更加希望留在企業，以期長遠的發展。所以，對於企業而言，讓員工人在其位、人盡其才，滿足員工的勝任需求，是企業留住員工的有效做法。

(3) 關心員工生活，增強員工歸屬感

對大多數員工來說，到企業工作並非只是爲得到基本生活保障，而是需要感覺自己是安全的，並希望與他人保持密切關係，建立互相尊重和依賴的感覺。ERG理論包含三種需求即生存需求、關係需求和成長需求。在滿足員工基本生存需求的基礎上，組織還需要進一步滿足員工的關係需求，這就要求企業時常關注員工的生活，維護好企業內部的員工關係。比如：定期召開的年會，不定期的企業內部聯誼等，都會使得員工在企業內部找到歸屬感，給予員工家一般的感覺。這樣企業才能最有效地使員工留下來，並且使員工做到人在企業，心也在企業，全心全意爲企業服務。

---

① FORD B, KLEINER B H. Managing Engineers Effectively [J]. Business, 1987, 37 (1)：49-52.

② 王端旭，趙軼. 工作自主性、技能多樣性與員工創造力：基於個性特徵的調節效應模型 [J]. 商業經濟與管理，2011，240 (10).

2. 重視員工家庭，建立員工家庭關懷體系，以家留人

隨著經濟和科技的快速發展，無邊界職業生涯時代的到來，家庭和工作的界線不再棱角分明。家庭作爲社會最基本的細胞，支撐著整個社會的倫理格局。Greenhaus 等（2006）提出了工作—家庭的豐富（Enrichment），他們認爲個體可以從工作（家庭）的角色中收穫有意義的資源，從而幫助其在另一角色中更好地表現。因此，家庭和工作兩者是無法完全分開的，這與實踐中某些企業人爲割裂家庭和工作聯繫的做法恰恰相反。

根據本研究的結論，良好的工作—家庭支持能對基本心理需求和員工留任產生正向的調節作用。然而，在現實工作中，企業往往忽視員工的家庭因素，或者對員工家庭關注度不夠。因此，本書認爲企業應該重視員工的家庭因素，應通過相應的措施來關心和幫助員工的家人，努力促使員工獲得正向的家庭支持。企業除了調整家屬福利政策外，還應該切實關注員工的家庭實際困難，解決其最關注的問題，通過員工家庭關懷體系的建立，全方位地滿足好員工及其家庭的基本心理需求，從而進一步提高員工的工作滿意度和幸福感，促進優秀員工留任。

員工家庭關懷體系的建立，需要瞭解和掌握員工的家庭需求。企業可以通過搭建暢通的員工家庭訴求渠道以及相關處理平臺，整合企業傳統的工會資源，在控制成本的前提下高效地並且盡可能多地解決員工合理的家庭需求。企業滿足員工的家庭需求，能幫助留住員工的家庭，而只有這樣，才能更好地調動員工的工作積極性，從而留住員工。反之亦然。

3. 抑制領導的陰暗面——破壞性領導

調查顯示，5%～10%的人在工作中至少受到過一次欺辱（Zapf, Einarsen, Hoel, Vartia, 2003），而在其中，80%的欺辱行爲都是由上級實施的（Einarsen, Hoel, Zapf, Cooper, 2003）。Lombardo 和 McCall 通過一項對 73 位管理者的研究發現，74%的人都曾在工作中遇到過令人難以忍受的上司。[①] Namie. G 和 Namie. R（2000）發現，89%認爲在工作中受到欺凌的人將其原因歸結爲其領導。這一系列的研究清楚地表明，在面對下屬時，領導很容易表現出破壞性領導行爲。而本研究發現，破壞性領導的出現會抑制雇主品牌建設對於員工留任帶來的積極作用，給組織增加多余的成本，造成組織效率下降。那麼針對如何抑制破壞性領導的出現對於組織所帶來的不利之處，本研究提出以下建議：

（1）完善領導甄選程序

現有的領導者甄選體制，對候選人的勝任能力和道德品質都有較爲系統的

---

① LOMBARDO M M, MCCALL M W J. Coping with an intolerable boss. Greensboro [M]. North Carolina: Center for Creative Leadership, 1984.

選拔程序和管理辦法。但是破壞性領導行為在職場中時有出現，而這些行為一旦出現就會對員工和組織產生嚴重的負面影響。所以企業在對領導者進行甄選時，就必須對其進行全面的考核，尤其是預防可能出現的破壞性行為。Hogan 等（2001）的研究表明，企業通過領導者甄選過程能夠識別出潛在的破壞性領導。而與以往的領導者的甄選環節相比，我們需要進行全面的設計，既能挑選出合適的領導者同時也能避開可能出現的有害的領導行為。這就要求我們增加能夠識別潛在的破壞性領導的有效程序。該程序既能考察領導者積極、有效的領導風格與特徵，又能檢驗有害的領導風格與特徵。

（2）對破壞性領導進行心理干預

破壞性領導風格的形成的原因可以是千差萬別的。但是研究發現對破壞性領導是可以通過心理干預進行調整的。Friedman（1992）發現對當事者的心理干預能夠降低其敵對情緒。因此，組織一旦發現領導出現破壞性的行為，應鼓勵他們接受適當的應對壓力情境的心理輔導治療和學習一定的紓解方法。需要說明的是，這些有意義的改變不是短期的事情。

（3）建立寬鬆的組織氛圍，避免破壞性領導風格

領導的有害性行為會直接阻礙友好和諧的工作氛圍的產生，不僅會使員工產生負面消極的反應，還可能促使員工自覺或不自覺地做出既不利己又損害組織利益的行為，最終選擇離開該組織。影響員工工作氛圍的因素不止領導行為一個，因此，組織一旦發現不和諧的工作氛圍的產生就應該從其他方面做出努力防止員工做出消極的行為，避免破壞性領導的行為帶來不利影響。

組織應給予員工更多的自主支持，在關切員工的工作表現的同時，注重他們的基本心理需求；提倡以人為本的管理之道，營造建設型的組織文化；弱化結果導向型的評價制度，多關心員工完成任務的過程，並在其反饋的基礎上及時做出回應；鼓勵團隊合作，營造團體協作意識，減弱官僚主義的影響，定期讓員工和領導一起參加各類管理培訓和素質拓展活動，培養團隊意識和凝聚力，形成良性的上下級和同級間的互動，打通上下級雙向溝通通道；同時，在員工產生消極負面情緒時，組織也應提供疏導渠道，讓員工能夠在不遭受到破壞性領導的更嚴重的報復性「破壞行為」的條件下，發泄不滿情緒。

（4）加強雇主品牌建設

「得人才者得天下」。企業只有擁有卓越的企業文化和先進的管理制度，才能贏得優秀人才的青睞，才能夠實現長遠的發展。現在的員工選擇企業不單單看重物質性報酬，也重視企業的文化建設、社會形象以及管理制度等軟實力。雇主品牌作為企業對外的形象，是吸引人才的重要標誌。對於企業而言，雇主品牌的建設在當下激烈的人才競爭中顯得極其重要。雇主品牌的建設，關鍵在於強化與發展雇主品牌的個性，尋求品牌的差異化。

（1）爲員工創造良好的工作環境，使之「越努力，越幸福」

只有在自己滿意的環境中，員工才能發揮出最大的潛能。企業可以通過創造輕鬆的組織內部環境，提倡溫暖的組織氛圍，努力引導員工情緒，增強組織的凝聚力。組織應該在企業內部提倡「越努力，越幸福」的工作生活模式，充分調動員工的工作積極性，讓員工認識到工作不再單調乏味，而會豐富多彩，這種感受是吸引優秀員工留任的重要因素。

（2）對內部員工高度負責

建立良好的雇主品牌，企業需要意識到以下幾點：①給予員工人人平等的感覺。分工可以不同，但人不能因爲分工而被分爲三六九等，人人都是平等的，人之間的發展軌跡沒有差別。想要成功，人人都可以通過努力，擁有相同的發展機會。②注重員工職業生涯的發展。企業應該形成一種傳統，對於新員工的發展，老員工要給予指導和幫助。企業要加大對員工的培訓。優秀的雇主，不會擔心員工因技能的增長而離開企業。③企業要實行合理的考評制度，避免有人渾水摸魚，擾亂組織氛圍。④建立企業「以人爲本」的文化氛圍。企業要本著愛護人、關心人的管理理念對待每一位員工。⑤在注重人的需求的基礎上，讓員工的薪酬水平在市場上具有競爭力。綜上所述，當企業對員工的各個方面做到盡職盡責，就會讓員工產生心理依附，從而選擇留下。

（3）完善的體制建設

「無規矩不成方圓」。企業完善的體制建設，是管理之本，也是樹立雇主品牌的強有力保障，這決定著雇主品牌建設的成功。企業特別要重視溝通在管理中的重要性，要建立完善的員工意見反饋體系，協調員工與領導者之間的關係，使員工的想法和建議能及時傳遞，對員工的意見建議要認真處理，妥善對待，這樣才能夠讓員工產生主人翁意識，提升積極性。

（4）積極履行企業社會責任，樹立良好的社會形象

雇主品牌的形成，是需要得到社會認可的，也是需要在社會上進行傳播的。所以企業應該時常關注社會道義、關心社會弱勢群體等，將其視爲應盡的責任，維護好企業聲譽，而不是一味地唯利是圖。若企業只關心自身的發展，對於環境污染不聞不問，成爲掠奪自然資源的工具，這樣的企業必將不能得到社會認可，自然也無法吸引優秀員工，難以長久地生存下去。所以，社會責任是雇主品牌建設不可或缺的部分，因爲企業需要社會的認可，品牌也需要社會的傳播。

6.3　研究局限和展望

（1）本研究主要研究雇主品牌與員工留任之間的關係。雖然樣本來自各

個不同的企業，但是問卷所有的題項均來自於員工在同一時點所填寫的數據，可能導致同源方差。儘管本研究經 Harman 單因子測試使該問題受到了比較好的控制，但是這也難以完全消除該問題的存在。所以未來的研究應該盡可能採取配對研究，如員工留任採用領導評員工的方式，其他構念採用員工自評的方式，以進一步降低同源方差的影響。

（2）本研究主要採取橫截面研究設計，但是橫截面研究有其固有弊端。因此未來的研究設計，應盡可能採用實驗（或準實驗）或追蹤研究的方法，或者通過個案跟蹤研究的方法。研究者可通過長時期的連續觀察，獲取時間序列數據，進一步深入分析挖掘員工基本心理需求變化的動態發展過程，分析出雇主品牌與員工留任之間的因果聯繫，為管理實踐提供更加有力的智力支持。

（3）在量表開發方面，本研究所採取的量表均是國外翻譯過來的。雖然已通過回譯程序降低其誤差，但是運用到中國本土化情境中，可能測量的準確性會打一定折扣。今後的研究應在現有國內外研究基礎上，對量表進一步本土化，使其更加全面、準確地反應中國企業的雇主品牌建設和員工留任，通過深度訪談、實地觀察、內容分析等方法，整理出能反應中國文化情境的測量條款、維度，補充、改進現有的量表。在測量上，要力圖更加客觀準確地描述本土組織的員工留任心理感知，更加全面地衡量企業的雇主品牌建設。

（4）員工留任的影響因素有很多，在中國情境下的權力距離大和集體主義因素等特點在本研究中未得到較為深入的論證，比如組織氛圍、企業文化、激勵政策、員工性格特質等，本研究也沒有對此進行有效控制，這將對本研究結論的純粹性產生一定程度的影響。未來的研究應該盡可能把這些控制變量納入實驗研究的範疇，使研究的內容更加符合中國情境，為中國情境下的管理實踐提出更多有意義的建議。

（5）本研究從視角上進行創新，選擇人力資源的本源——員工入手，一定程度上緩解了員工流動性的壓力，也為企業建立戰略性人力競爭優勢提供了有積極意義的建議。但是隨著團結合作的普及性，未來的企業競爭可能從優秀人才的競爭轉換到優秀團隊的競爭。因此未來的研究可以從團隊層面開展，得出更加符合現實情況的結論。

（6）雇主品牌與員工留任兩者間的可能的內部機制還有很多，比如，社會交換理論、人—組織匹配理論等都可能成為打開兩者「黑箱」的鑰匙。相應的調節變量，本研究只研究了職場內破壞性領導和職場外家庭支持的影響作用。未來的研究可以從更加具有中國特色的領導風格，如家長式領導、精神性領導、工作—家庭衝突等方面，不斷充實和完善雇主品牌對員工留任的影響機制研究，進一步豐富雇主品牌和員工留任的相關理論。

參考文獻

[1] 陳加洲，凌文輇，方俐洛. 組織中的心理契約 [J]. 管理科學學報，2001（2）.

[2] 陳霞，段興民. 組織承諾研究評述 [J]. 科學學與科學技術管理，2003（7）.

[3] 陳曉萍，徐淑英，樊景立. 組織與管理研究的實證方法 [M]. 北京：北京大學出版社，2008.

[4] 崔勛. 員工個人特性對組織承諾與離職意願的影響研究 [J]. 南開管理評論，2003（4）.

[5] 韓翼，廖建橋，龍立榮. 雇員工作績效結構模型構建與實證研究 [J]. 管理科學學報，2007（5）.

[6] 郝永敬，俞會新. 心理契約兌現程度對員工工作績效的影響 [J]. 企業經濟，2012（11）.

[7] 侯永梅. 初入職大學生員工心理契約與工作滿意度的關係 [J]. 心理科學進展，2013（3）.

[8] 胡蓓. 腦力勞動者工作滿意度實證研究 [J]. 科學研究，2003（7）.

[9] 皇甫剛，劉鵬，司窨鵬，等. 雇主品牌的模型構建與測量 [J]. 北京航空航天大學學報，2012（1）.

[10] 柯友鳳，柯善玉. 企業員工工作倦怠的影響因素及緩衝機制 [J]. 教育研究與試驗，2006（5）.

[11] 李曄，龍立榮，劉亞. 組織公正感研究進展 [J]. 心理科學進展，2002，11（1）.

[12] 李琿. 好馬也吃回頭草，離職管理最重要——基於雇主品牌的員工離職管理 [J]. 人力資源管理，2009（6）.

[13] 李金波，許百華，陳建明. 影響員工工作投入的組織相關因素研究 [J]. 應用心理學，2006，12（2）.

[14] 李敏. 中學員工工作投入與基本心理需求滿足關係研究 [J]. 員工教育研究，2014（2）.

[15] 李倩，王豔平，劉效廣. 員工對高管的信任與員工離職傾向的關係

—組織承諾的仲介效應研究 [J]. 軟科學, 2009 (12).

[16] 李效雲, 姜紅玲. 企業員工的組織公民行為研究 [J]. 人力資源管理, 2002 (4).

[17] 李雪婷. 雇主品牌內涵及核心構成要素研究 [J]. 經營管理者, 2010 (11).

[18] 李炎炎, 魏峰, 任勝鋼. 組織心理契約違背對管理者行為的影響 [J]. 管理科學學報, 2006, 9 (5).

[19] 李永鑫, 趙娜. 工作—家庭支持的結構與測量及其調節作用 [J]. 心理學報, 2009 (9).

[20] 李原, 郭德俊. 組織中的心理契約 [J]. 心理科學進展, 2002 (1).

[21] 梁鈞平, 李曉紅. 象徵性個人與組織匹配對雇主吸引力的影響 [J]. 南大商學評論, 2005 (4).

[22] 林帼兒, 陳子光, 鐘建安. 組織公平文獻綜述及未來研究方向 [J]. 心理科學, 2006, 39 (4).

[23] 林迎星. 美國翰威特 2007 年中國最佳雇主企業榜與雇主品牌建設 [J]. 經濟管理, 2008 (7).

[24] 凌文輇, 楊海軍, 方俐洛. 組織員工的組織支持感 [J]. 心理學報, 2006, 38 (2).

[25] 劉戈. 雇主品牌企業核心競爭力的持久來源 [J]. 中外管理, 2007 (8).

[26] 劉軍. 管理研究方法、原理與應用 [M]. 北京: 中國人民大學出版社, 2008.

[27] 劉平青, 李婷婷. 內部行銷對創業型企業員工留任意願的影響研究: 組織社會化程度的仲介效應 [J]. 管理工程學報, 2011, 25 (4).

[28] 劉小平, 王重鳴. 中西方文化背景下的組織承諾及其形成 [J]. 外國經濟與管理, 2002 (1).

[29] 馬凌, 王瑜, 邢蕓. 企業員工工作滿意度、組織承諾與工作績效關係 [J]. 企業經濟, 2013 (5).

[30] 馬淑婕, 陳景秋, 王壘. 員工離職原因的研究 [J]. 中國人力資源開發, 2003 (9).

[31] 孟躍. 第三種品牌: 雇主品牌 [M]. 北京: 清華大學出版社, 2007.

[32] 邱皓政. 量化研究與統計分析 [M]. 重慶: 重慶大學出版社, 2009.

[33] 沈崢嶸, 王二平. 關係績效研究 [J]. 心理科學進展, 2004 (6).

[34] 蘇方國, 趙曙明. 組織忠誠、組織公民行為與離職傾向關係研究

[J]. 科學學與科學技術管理, 2005（8）.

[35] 譚小宏, 秦啟文, 潘孝富. 企業員工組織支持感與工作滿意度、離職意向的關係研究 [J]. 心理科學. 2007, 30（2）.

[36] 陶祁. 雇主品牌的內涵與建立 [J]. 新資本, 2004（2）.

[37] 汪純孝, 伍曉奕, 張秀娟. 薪酬管理公平性與員工工作態度和行為的影響 [J]. 南開管理評論, 2006, 9（6）.

[38] 王端旭, 趙軼. 工作自主性、技能多樣性與員工創造力: 基於個性特徵的調節效應模型 [J]. 商業經濟與管理, 2011（10）.

[39] 王國穎. 心理契約視角下的雇主品牌探析 [J]. 廣東技術師範學院學報, 2007（5）.

[40] 王莉, 石金濤, 學敏. 員工留職原因與組織忠誠關係的實證研究 [J]. 管理評論, 2007（1）.

[41] 王萍, 謝永芳. 卓越雇主品牌建設 [J]. 現代商業, 2011（7）.

[42] 韋豔. 雇主品牌: 企業人力資源管理戰略的新王牌 [J]. 中國人力資源開發, 2008（10）.

[43] 魏鈞, 陳中原, 張勉. 組織認同的基礎理論、測量及相關變量 [J]. 心理科學進展, 2007, 15（6）.

[44] 溫忠麟, 張雷, 侯杰泰, 等. 仲介效應檢驗程序及其應用 [J]. 心理學報, 2004, 36（5）.

[45] 吳明隆. 結構方程模型——AMOS 的操作與應用 [M]. 重慶: 重慶大學出版社, 2009.

[46] 薛薇. SPSS 統計分析方法與應用 [M]. 北京: 電子工業出版社, 2005.

[47] 殷志平. 雇主品牌研究綜述 [J]. 外國經濟與管理, 2007（10）.

[48] 殷志平. 雇主吸引力維度: 初次求職者與再次求職者之間的對比 [J]. 東南大學學報, 2007（3）.

[49] 袁慶宏. 企業員工管理: 關注關鍵資源的流失風險 [J]. 中國人力資源開發, 2006（11）.

[50] 張劍, 張建兵, 李躍, 等. 促進工作動機的有效路徑: 自我決定理論的觀點 [J]. 心理科學進展, 2010（18）.

[51] 張劍, 張微, EDWARD L DECI. 心理需要的滿足與工作滿意度: 哪一個能夠更好地預測工作績效? [J]. 管理評論, 2012, 24（6）.

[52] 張劍, 張微, 宋亞輝. 自我決定理論的發展及研究進展評述 [J]. 北京科技大學學報: 社會科學版, 2011, 27（4）.

[53] 張勉, 張德, 王穎. 企業雇員組織承諾三因素模型實證研究 [J]. 南開管理論, 2002（5）.

[54] 張偉強. 關於核心員工的界定策略 [J]. 中國人力資源開發, 2006 (3).

[55] 張旭, 樊耘, 黃敏萍, 等. 基於自我決定理論的組織忠誠形成機制模型構建: 以自主需求成為主導需求為背景 [J]. 南開管理評論, 2013, 16 (6).

[56] 趙書松, 張要民, 周二華. 中國高校雇主品牌的要素與結構研究 [J]. 科學學與科學技術管理, 2008 (8).

[57] 周暉, 侯慧娟, 馬瑞. 企業雇主品牌吸引力及其形成機理研究 [J]. 商業研究, 2009 (11).

[58] 朱瑜, 凌文栓. 組織公司行為理論研究的發展 [J]. 心理科學, 2003, 16 (1).

[59] AGRAWAL. Effect of brand loyalty on advertising and trade promotions: A game theoretic analysis with empirical evidence [J]. Marketing Science, 1996, 15 (1).

[60] AGUILERA, RUPP, WILLIAMS, et al. Putting the s back in corporate social responsibility: A multilevel theory of social change in organizations [J]. Academy of Management Review, 2007 (32).

[61] AILAWADI, KELLER. Understanding retail branding: Conceptual insights and research priorities [J]. Journal of Retailing, 2004, 80 (4).

[62] ALLEN, MEYER. The Measurement and Antecedents of Affective, Continuance, and Normative Commitment to the Organization [J]. Journal of Occupational Psychology, 1990 (63).

[63] ALLEN. Family-supportive work environments: The role of organizational perspectives [J]. Journal of Vocational Behavior, 2001 (58).

[64] AMBLER, BARROW. The employer brand [J]. Journal of Brand Management, 1996 (4).

[65] AMES. Achievement attributions and self-instructions under competitive and individualistic goal structures [J]. Journal of Educational Psychology, 1984 (76).

[66] AMES. Classrooms: Goals, structures, and student motivation [J]. Journal of Educational Psychology, 1992 (84).

[67] ASHFORTH. Petty tyranny in organizations [J]. Human Relations, 1994 (47).

[68] BAARD, DECI, RYAN. Intrinsic need satisfaction: Amotivational basis of performance and well-being in two work settings [J]. Journal of Applied Social Psychology, 2004, 34 (10).

[69] BAGOZZI, GOPINATH, NYER. The role of emotions in marketing [J]. Journal of the Academy of Marketing Science, 1999, 27 (2).

[70] BALMER, GRAY. Corporate Brands: What are They? What of Them? [J]. European Journal of Marketing, 2003 (37).

[71] BAMET, HYDE. Women, men, work and family: An expansionist theory [J]. The American Psychologist, 2001, 56 (10).

[72] BARBER. Recruiting Employees: Individual and Organizational Perspectives [M]. California: Sage, 1998.

[73] BARON, KENNY. The moderator-mediator variable distinction in social psychological research: Conceptual, strategic, and statistical considerations [J]. Journal of personality and Social Psychology, 1986 (51).

[74] BAUMEISTER, BRATSLAVSKY, FINKENAUER, et al. Bad is stronger than good [J]. Review of General Psychology, 2001, 5 (4).

[75] BERTHON. Capitivating company: dimensions of attractiveness in employer branding [J]. International Journal of advertising, 2005, 24 (2).

[76] BLUMENFELD. Classroom learning and motivation: Clarifying and expanding goal theory [J]. Journal of Educational Psychology, 1992 (84).

[77] BROTHERIDGE GRANDEY A. Emotional labor andburnout: Comparing two perspectives of「people work」[J]. Journal of Vocational Behavior, 2002 (60).

[78] BROWN, RYAN. The benefits of being present: Mindfulness and its role in psychological well-being [J]. Journal of Personality and Social Psychology, 2003 (84).

[79] CARLSON, KACMAR, WAYNE, et al. Measuring the positive side of the work-family interface: Development and validation of a work-family enrichment scale [J]. Journal of Vocational Behavior, 2006 (68).

[80] CHRISTOPHER, PAYNE, BALLANTYNE. RelationshipMarketing [M]. Oxford: Butterworth-Heinemann, 1991.

[81] CHRISTOPHER, PAYNE, BALLANTYNE. Relationship Marketing: Creating Stakeholder Value [M]. Oxford: Butterworth-Heinemann, 2003.

[82] CLAYTON GLEN. Key skills retention and motivation: the warfor talent still rages and retention is the highground [J]. Industrial and commercial training, 2006, 38 (1).

[83] COLLINS. The interactive effects of recruitment practices and product awareness on job seekers' employer knowledge and application behaviors [J]. Journal of Applied Psychology, 2007, 92 (1).

[84] COLLINS, STEVENS. The relationship between early recruitment-related

activities and the application decisions of new labor-market entrants: A brand equity approach to recruitment [J]. Journal of Applied Psychology, 2002, 87 (6).

[85] CONNELL, RYAN. Self-Regulatory Style Questionnaire: A measure of external, introjected, identified, and intrinsic reasons for initiating behavior [M]. NY: University of Rochester, 1987.

[86] CONNELL. A new multidimensional measure of children's perceptions of control [J]. Child Development, 1985 (56).

[87] CONNOLLY, VINES. Some Instrumentality Valence Models of Undergraduate College Choice [J]. Decision Sciences, 1977, 8 (1).

[88] CROUTER. Spillover from family to work: The neglected side of the work-family interface [J]. Human Relations, 1984 (37).

[89] DECI. Intrinsic motivation [M]. New York: Plenum, 1975.

[90] DECI, RYAN. Intrinsic motivation andself-determination in human behavior [M]. New York: Plenum, 1985.

[91] DECI, RYAN. The general causalityorientations scale: Self determination in personality [J]. Journal of Research in Personality, 1985 (19).

[92] DECI, RYAN. The「what」and「why」of goal pursuits: human needs and the self- determination of behavior [J]. Psychological Inpuiry, 2000 (11).

[93] DECI, RYAN, GAGNé, et al. Need Satisfaction, Motivation, and Well-Beingin the Work Organizations of a Former Eastern Bloc Country [J]. Personality and Social Psychology Bulletin, 2001, 27 (8).

[94] DECI, RYAN. Handbook of self-determination research [M]. New York: The University of Rochester Press, 2004.

[95] DECI, RYAN. Intrinsicmotivationand self-determination in human Behavior [M]. New York: Plenum, 1985.

[96] DEPPE, SCHWINDT, KUGEL, et al. Nonlinear responses within the medial prefrontal cortex reveal when specific implicit information influences economic decision making [J]. Journal of Neuroimaging, 2005, 15 (2).

[97] DOBNI, ZINKHAN. In Search of Brand Image: A Foundational Analysis [J]. Advances in Consumer research, 1990, 17 (1).

[98] MITA MEHTA, AARTI KURBETTI, RAVNEETA DHANKHAR. Review Paper – Study on Employee Retention and Commitment [J]. International Journal of Advance Research in Computer Science and Management Studies, 2014 (2).

[99] DUKERICH, CARTER. Distorted images and reputation repair [J]. The expressive organization: Linking identity, reputation, and the corporate brand, 2000.

[100] DUTTON, DUKERICH. Keeping an Eye on the Mirror: Image and Iden-

tity in Organizations [J]. Academy of Management Journal, 1991 (34).

[101] DWECK, ELLIOT. Achievement motivation [M]. New York: Wiley, 1983.

[102] EDWARD, DECI, RICHARD, et al. Self-Determination Theory: A Macrotheory of Human Motivation, Development and Health [J]. Canadian Psychology, 2008, 49 (3).

[103] EDWARDS, ROTHBARD. Mechanisms linking work and family: Clarifying the relationship between work and family constructs [J]. Academy of Management Review, 2000 (25).

[104] EVANSCHITZKY, BROCK, BLUT. Will you tolerate this? The impact of affective commitment on complaint intention and postrecovery behavior [J]. Journal of Service Research, 2011, 14 (4).

[105] FARRELL, SOUCHON, DURDEN. Serviceencounterconceptualization: Employees'servicebehavioursandcustomers'servicequalityperceptions [J]. JournalofMarketing Management, 2001 (17).

[106] FELDMAN. The Dilbert syndrome: How employee cynicism about ineffective management is changing the nature of careers in organizations [J]. American Behavioral Scientist, 2000 (43).

[107] FERRELL, GONZALEZ-PADRON, HULT, et al. Maignan. From market orientation to stakeholder orientation [J]. Journal of Public Policy & Marketing, 2010, 29 (1).

[108] FOREMAN, MONEY. Internal Marketing-Concepts, Measurement and Application [J]. Journal of Marketing Management, 1992 (11).

[109] FRANK, FINNEGAN, TAYLOR. The race for talent: retaining and engaging workers in the 21st century [J]. Human Resource Planning, 2004, 27 (3).

[110] FREEMAN. Recruiting for diversity [J]. Women in Management Review, 2002, 18 (12).

[111] FRIED, FERRIS. The validity of the jobcharacteristics model: A review and meta-analysis [J]. Personal Psychology, 1987 (40).

[112] FULBERG. Using sonic branding in the retail environment - An easy and effective way to create consumer brand loyalty while enhancing the in-store experience [J]. Journal of Consumer Behaviour, 2003, 3 (2).

[113] GAGNé, DECI. Self-Determination Theory and Work Motivation [J]. Journal of Organizational Behavior, 2005, 26 (14).

[114] GARY GREGURAS, JAMES, DIEFENDORFF. Different Fits Satisfy Different Needs: Linking Person-Environment Fitto Employee Commitment and Per-

formance Using Self-Determination Theory [J]. Journal of Applied Psychology, 2009 (94).

[115] GAURAV BAGGA. How to keep the talent you have got [J]. Human resource management international digest, 2013, 21 (1).

[116] GOPINATH, BECKER. Communication, procedural justice, and employee attitudes: relationships under conditions of divestiture [J]. Journal of Management, 2000 (26).

[117] GREEN, FELSTED, MAYHEW, et al. The impact of training on labour mobility: Individual and firm-level evidence from Britain [J]. British Journal of Industrial Relations, 2000, 38 (2).

[118] GREENHAUS, POWELL. When work and family are allies: A theory of work-family enrichment [J]. Academy of Management Review, 2006 (31).

[119] GREGURAS, DIEFENDORFF. Different Fits Satisfy DifferentNeeds: Linking Person-Environment Fit to EmployeeCommitment and Performance Using Self -determination Theory [J]. Journal of Applied Psychology, 2009, 94 (2).

[120] GRIFFETH, HOM, GAERTNER. A meta-analysis of antecedents and correlates of employee turnover: Update, moderator tests, and research implications for the next millennium [J]. Journal of Management, 2000 (26).

[121] GROVER, SRINIVASAN. Evaluating the multiple effects of retail promotions on brand loyal and brand switching segments [J]. Journal of Marketing Research, 1992, 29 (1).

[122] GUAY, RATELLE, CHANAL. Optimal learning in optimal contexts: The role of self-deetermination in education [J]. Canadian Psychology, 2008 (49).

[123] HALL, DOUGLAS, ASSOCIATES. The career is dead, long live the career [M]. San Francisco: Jossey-Bass Publishers, 1996.

[124] HANSO, HAMMER, COLTON. Development and validation of multidimensional scale of perceived work-family positive spillover [J]. Journal of Occupational Health Psychology, 2006 (3).

[125] HARRIS, CHERNATONY. Corporate branding and corporate brand performance [J]. European Journal of Marketing, 2001, 35 (3/4).

[126] HATCH, SCHULTZ. Relations between Organizational Culture, Identity and Image [J]. European Journal of Marketing, 1997 (31).

[127] HIERONIMUS, SCHAEFER, SCHRöDER. Using branding to attract talent [J]. The Mckinsey Quarterly, 2005 (3).

[128] HONEYCUTT, ROSEN. Family Friendly Human Resource Policies, Salary Levels and Salient Identity as Predictors of Organizational Attraction [J]. Journal

of Vocational Behavior, 1997 (50).

[129] HORNSTEIN. Brutal Bosses and their pray [M]. New York: Riverhead Books, 1996.

[130] HULT. Toward a theory of the boundary-spanning marketing organization and insights from 31 organization theories [J]. Journal of the Academy of Marketing Science, 2001, 39 (4).

[131] HYTTER. Retention strategies in France and Sweden [J]. The Irish Journal of Management, 2007, 28 (1).

[132] HYTTER. Retention strategies in France and Sweden [J]. The Irish Journal of Management, 2007, 28 (1).

[133] ILARDI, LEONE, KASSER, et al. Employee and Supervisor Ratings of Motivation: Main Effects and DiscrepanciesAssociated with Job Satisfaction and Adjustment in a Factory Setting [J]. Journal of Applied Social Psychology, 1993, 23 (21).

[134] SANDHYA, PRADEEP KUMAR. Employee retention by motivation [J]. Indian Journal of Science and Technology, 2011, 4 (12).

[135] KASSER, DAVEY, RYAN. Motivation and Employee-Supervisor Discrepancies in a Psychiatric Vocational RehabilitationSetting [J]. Rehabilitation Psychology, 1992, 37 (3).

[136] KENNON, SHELDON, CHRISTOPHER, et al. It's Not Just the Amount That Counts: Balanced Need Satisfaction Also Affects Well-Being [J]. Journal of Personality and Social Psychology, 2006 (91).

[137] KILE. Helsefarleg leierskap (Health endangering leadership) [M]. Bergen, Norway: Universitetet i Bergen, 1990.

[138] KING, MATTIMORE, KING, et al. Family Support Inventory for Workers: A New Measure of Perceived Social Support from Family Members [J]. Journal of Organizational Behavior, 1995, 16 (3).

[139] KRISTIN BACKHAUS. An Exploration of Corporate Recruitment Descriptions on Monster. Com [J]. Journal of Business Communication, 2004, 41 (2).

[140] KYNDT, DOCHY, BAERT. Influence of learning and working climate on the retention of talented employees [J]. Journal of Workplace Learning, 2010, 23 (1).

[141] LEE, TERENCE, MITCHELL, et al. The Effects of Job Embeddednesson Organizationalitizenship, JobPerformance, Volitional Absence and Voluntary-Turnover [J]. Academy of Management Journal, 2004, 47 (5).

[142] LEVESQUE, COPELAND, SUTCLIFFE. Conscious and nonconscious

processes: Implications for self-determination theory [J]. Canadian Psychology, 2008 (49).

[143] LEVINE. Re-Inventing the Workplace: How Business and Employers Can Both Win [M]. Washington DC: Brookings Institution, 1995.

[144] LEVITT. The Marketing Imagination [M]. New York: The Free Press, 1986.

[145] LIEVENS, HIGHHOUSE. The relation of instrument and symbolic attributes to a company's attractiveness as an employer [J]. Personnel Psychology, 2003 (56).

[146] LIM. Job insecurity and its outcomes: moderating effects of work-based and no work-based social support [J]. Human Relations, 1996, 49 (2).

[147] LOGAN. Retention tangibles and intangibles: More meaning in work is essential, but good chair massages won't hurt [J]. Training & Development, 2000, 54 (4).

[148] LOMBARDO, MCCALL. Coping with an intolerable boss [M]. North Carolina: Center for Creative Leadership, 1984.

[149] MAERTZ, CAMPION. 25 years of voluntary turnover research: A review and critique [J]. International Review of Industrial and Organizational Psychology, 1998 (13).

[150] MARCINKUS, WHELAN-BERRY, GORDON. The relationship of social support to the work-family balance and work outcomes of midlife women [J]. Women in Management Review, 2007, 22 (2).

[151] MARGARETDEERY. Talent management, work-life balance and retention strategies [J]. International Journal of Contemporary Hospitality Management, 2008, 20 (7).

[152] MAK, SOCKEL. A Confirmatory Factor Analysis of IS Employee Motivation and Retention [J]. Information & Management, 2001 (38).

[153] MARTIN, EDWARD. An integrative review of employer branding and OB theory [J]. Personnel Review, 2010, 39 (1).

[154] MASLACH, SCHAUFELI, LEITER. Job Burnout [J]. Annual Review of Psychology, 2001 (52).

[155] MCDONALD, DE CHERNATONY, HARRIS. Corporate Marketing and Service Brands - Moving Beyond the Fast-Moving Consumer Goods Model [J]. European Journal of Marketing, 2001, 35 (3/4).

[156] MCKEOWN. Retaining top employees [M]. New York, London: McGraw-Hill, 2002.

[157] MEYER, MALTIN. Employee Commitment andWell-Being: A Critical Review, Theoretical Framework and Research Agenda [J]. Journal of Vocational Behavior, 2010, 77 (2).

[158] MEYER, STANLEY, PARFYONOVA. Employee Commitmentin Context: The Nature and Implication of CommitmentProfiles [J]. Journal of Vocational Behavior, 2012, 80 (1).

[159] MICHAELS, HANDFIELD-JONES, AXELROD. The War For Talent [M]. Boston: Harvard Business School Press, 2001.

[160] MICHEAL ARMSTRONG, ANGELA BARON. Performance Management [M]. London: The Cromwell Press, 1998.

[161] MICHEAL T EWING, LEYLAND F PITT, NIGEL M DE BUSSY. Employment branding in the knowledge Economy [J]. International Journal of advertising, 2002, 21 (1).

[162] MISERANDINOM. Children who do well in school: Individual difference in perceived competence and autonomy in above- average children [J]. Journal of Educational Psychology, 1996, 88 (2).

[163] MITCHELL, BEACH. A Review of Occupational Preference and Choice Research using Expectancy Theory and Decision Theory [J]. Journal of Occupational Psychology, 1976 (49).

[164] MOHR, WEBB, HARRIS. Do consumers expect companies to be socially responsible? The impact of corporate social responsibility on buying behavior [J]. Journal of Consumer Affairs, 2001 (35).

[165] MOLLER, DECI, RYAN. Choice and ego depletion: The moderating role of autonomy [J]. Personality and Social Psychology Bulletin, 2006 (32).

[166] MORGAN, HUNT. The Commitment-Trust Theory of Relationship Marketing [J]. Journal of Marketing, 1994, 58 (7).

[167] MORRISON, ROTH. The regional solution: An alternative to globalization [J]. Transnational Corporations, 1992, 1 (2).

[168] MOSKOWITZ, RABINO. Sensory segmentation: An organizing principle for international product concept generation [J]. Journal of Global Marketing, 1994, 8 (1).

[169] MULLEN. Diagnosing measurement equivalence in cross-national research [J]. Journal of International Business Studies, 1995 (3).

[170] MURRELL, FRIEZE, FROST. Aspiring to careers in male- and female-dominated professions: A study of black and white college women [J]. Psychology of Women Quarterly, 1991 (15).

[171] NAMIE, NAMIE, R THEBULLY. What you can do to stop the hurt and reclaim the dignity on the job [M]. Naperville: Sourcebooks, Inc., 2000.

[172] NEUMAN. Social Research Methods: Qualitative and Quantitative Approaches [M]. 4th edition. U. S: Allyn and Bacon, 2000.

[173] PAPASOLOMOU-DOUKAKIS. Internal marketing in the UK retail banking sector: Rhetoric or reality? [J]. Journal of Marketing Management, 2003, 19 (1/2).

[174] PARKER, JIMMIESON, AMIOT. Self-determination as a moderator of demands and control: Implications for employee strain and engagement [J]. Journal of Vocational Behavior, 2010, 76 (1).

[175] PHILLIPS, CONNELL. Managing employee retention: a strategic accountability approach [M]. Routledge, 2003.

[176] PIERCY, MORGAN. Internal Marketing-the Missing Half of the Marketing Program [J]. Long Range Planning, 1991, 24 (2).

[177] PIERRE BERTHON, MICHAEL EWING, LI LIAN HAH. Captivating company: dimensions of attractiveness in employer branding [J]. International Journal of Advertising-The Quarterly Review of Marketing Communications, 2005, 24 (2).

[178] PIYALI GHOSH, RACHITA SATYAWADI. Who stays with you? Factors predicting employees' intention to stay [J]. International Journal of Organizational Analysis, 2013, 21 (3).

[179] RAMPL, KENNING. Employer brand trust and affect: Linking brand personality to employer brand attractiveness [J]. European Journal of Marketing, 2014, 48 (1/2).

[180] RICHINS. Measuring emotions in the consumption experience [J]. Journal of Consumer Research, 1997, 24 (2).

[181] ROGER, HERMAN. HR Managers as Employee-Retention Specialists [M]. Employment Relations Today, 2005.

[182] ROPER, DAVIES. The corporate brand: Dealing with multiple stakeholders [J]. Journal of Marketing Management, 2007, 23 (1/2).

[183] ROTHBARD. Enriching The dynamics of engagement in work and family roles [J]. Administrative Science Quaterly, 2001, 46 (4).

[184] RYAN, DECI. Self-determination theory and the facilitation of intrinsic motivation, social development, and well-being [J]. American psychologist, 2000, 55 (1).

[185] RYAN, DECI. From ego-depletion to vitality: Theory and findings con-

cerning the facilitation of energy available to the self [J]. Social and Personality Psychology Compass, 2008 (2).

[186] RYNES, BRETZ, GERHART. The Importance of Recruitment in Job Choice: A Different Way of Looking [J]. Personnel Psychology, 1991 (44).

[187] S HEINEN, EDWARD S BANCROFT. Performance ownership: A roadmap to a compelling employment brand [J]. Compensation and Benefits Review, 2000, 32 (1).

[188] SCHLESINGER, HESKETT. Breaking the Cycle of Failure in Services [J]. Sloan Management Review, 1991.

[189] SHELDON, WATSON. Coach's autonomy support is especially important for varsity compared to club and recreational athletes [J]. International Journal of Sports Science and Coaching, 2011, 6 (1).

[190] SPECTOR. Perceived control by employees: Ameta-analysis of studies concerning autonomy andparticipation at work [J]. Human Relations, 1986 (39).

[191] SRIVASTAVA, BHATNAGAR. Employer brand for talent acquisition: An exploration towards its measurement [J]. Vision: The Journal of Business Perspective, 2010, 14 (1/2).

[192] STåLE EINARSEN, MERETHE SCHANKE AASLAND, ANDERS SKOGSTAD. Destructive leadership behaviour: A definition and conceptual model [J]. The Leadership Quarterly, 2007, 18 (3).

[193] TABER, TAYLOR. A review and evaluation of the psychometric properties of the job diagnostic survey [J]. Personnel Psychology, 1990 (43).

[194] TAI LIU. An investigation of theinfluences of job autonomy and neuroticism on jobstressor-strain relations [J]. Social Behavior and Personality, 2007, 35 (8).

[195] TAYLOR, BERGMANN. Organizational Recruitment Activities and Applicants' Reactions at Different Stages of the Recruitment Process [J]. Personnel Psychology, 1987.

[196] TEPPER. Consequences of abusive supervision [J]. Academy of Management Journal, 2000, 43 (2).

[197] TOBIAS SCHLAGER, MAREIKE BODDERAS, PETER MAAS, et al. The influence of the employer brand on employee attitudes relevant for service branding: an empirical investigation [J]. Journal of Services Marketing, 2011.

[198] TURBAN, FORRET, HENDRICKSON. Applicant Attraction to Firms: Influences of Organization Reputation, Job and Organizational Attributes, and Recruiter Behaviours [J]. Journal of Vocational Behaviour, 1998 (52).

[199] VAN DEN BROECK, VANSTEENKISTE, DEWITTE, et al. Capturing Autonomy, Competence, andRelatednessat Work: Construction and Initial Validation of the Work-Related Basic Need Satisfaction Scale [J]. Journal of Occupational andOrganizational Psychology, 2010, 83 (4).

[200] VANSTEENKISTE, SIMONS, LENS. MotivatingLearning, Performance, and Persistence: The Synergistic Effects of Intrinsic Goal Contents and Autonomy-Supportive Contexs [J]. Journal of Personality and Social Psychology, 2004, 87 (2).

[201] VANSTEENKISTE, SIMONS, LENS, et al. Motivating learning, performance, and persistence: The synergistic effects of intrinsic goal contents and autonomy-supportive contexts [J]. Journal of Personality and Social Psychology, 2004 (87).

[202] VOYDANOFF. Implications of work and community demands and resources for work-to-family conflict and facilitation [J]. Journal of Occupational Health Psychology, 2004, 9 (4).

[203] WANOUS, KEON, LATACK. Expectancy Theory and Occupational/Organizational Choices: A Review and Test [J]. Organizational Behaviour and Human Performance, 1983, 32 (1).

[204] WAYNE, GRZYWACZ, CARLSON, et al. Defining work-family facilitation: A construct reflecting the positive side of the work-family interface [C]. Paper presented at the annual meeting of the Society for Industrial and Organizational Psychology, Chicago, IL, 2004.

[205] WAYNE, RANDEL, STEVENS. The role of identity and work—family support in work—family enrichment and its work—related consequences [J]. Journal of Vocational Behavior, 2006, 69 (3).

[206] WEINER. An attributional theory of motivation and emotion [M]. New York: Springer-Verlag, 1986.

[207] WILL RUCH. How to Keep Your Best Talent from Walking out the Door [J]. Dynamic Business Magazine, 2001 (6).

[208] WILL RUSH. What Your Employer Brand Can Do For You [J]. Dynamic Business Magazine, 2001 (5).

[209] WILSON, MACK, GRATTAN. Understanding motivation for exercise: A self-determination theory perspective [J]. Canadian Psychology, 2008 (49).

[210] WOBKER, KENNING. Drivers and outcome of destructive envy behavior in an economic game setting [J]. Schmalenbach Business Review, 2013 (65).

[211] YANIV, FARKAS. The impact of person-organization fit on the corpo-

rate brand perception of employees and of customers [J]. Journal of Change Management, 2005, 5 (4).

[212] YOO, PARK, MACINNIS. Effects of store characteristics and in-store emotional experiences on store attitude [J]. Journal of Business Research, 1998, 42 (3).

[213] ZAPF, EINARSEN, HOEL, et al. Empirical findings on bullying in the workplace [M]. London: Taylor & Francis, 2003.

[214] ZHAO, LYNCH, CHEN. Reconsidering Baron and Kenny: Myths and truths about mediation analysis [J]. Journal of Consumer Research, 2010, 37 (2).

附　錄

附錄一：深度訪談提綱

（1）請介紹一下你的個人基本情況：性別、年齡、學歷、在該企業工作的年限、收入狀況、崗位、所在的部門。

（2）提到「雇主品牌」你會想到哪些詞彙與它相關？

（3）能不能談談你與雇主品牌之間的故事？

（4）這些（這個）故事是不是你繼續留在該單位的原因？

（5）你對你的直接上司的領導風格和領導方式有怎樣的看法？

（6）你最看重他哪幾點領導品質或領導風格？

（7）你理想中的領導應該是什麼樣的？他/她擁有哪些品質？

（8）當你感覺想離開你目前所在單位時，可能的原因是什麼？又是什麼原因讓你留了下來。舉例說明一下或者談談當時的場景。（分維度——離職傾向）

（9）當你感覺工作沒有意義或者很無趣的時候，可能的原因是什麼？你又是通過什麼方式調整的呢？舉例說明一下或者談談當時的場景。（分維度——工作倦怠）

（10）你會不會有時候感覺工作特別有意思，特別想完成某項工作或者任務？描述一下這些工作或者任務，並說說有什麼吸引你的地方。舉例說明一下或者談談當時的場景。（分維度——組織忠誠）

（11）你在工作中會選擇長期在同一家單位任職嗎？你怎麼理解好的工作單位？

（12）你留在現在單位最主要的原因是什麼？

（13）工作中哪些情景或原因會促使你留在目前單位？你的上司對你留在單位裡有影響嗎？具體來說，他/她的哪些行為或特徵影響到你的留任？為什麼？

（14）工作中你的上下級關係怎樣？你們容易相處嗎？

（15）工作中你與同事關係怎樣？你們容易相處嗎？

（16）家裡人對你目前的工作支持嗎？你覺得他們在哪些方面支持了你的工作？

（17）你覺得目前的工作狀態是什麼樣的？覺得工作有點疲憊（身心疲憊）？覺得想換個工作？還是覺得特別有意義？這些狀態有沒有影響你的心理狀態？這些心理狀態是什麼樣的？能否描述一下？

（18）一份能夠給你充分自由的工作，你覺得是不是一份好工作？如果不是，那什麼工作才是好工作呢？

（19）你會不會覺得自己非常勝任目前的工作？能否舉例說明？

附錄二：雇主品牌對員工—組織關係影響的調查問卷

親愛的朋友：

您好！這裡是西南財經大學人力資源管理研究所，目前正在進行有關雇主品牌和員工留任的相關研究，懇請您百忙之中協助支持！

答案沒有對錯好壞之分，請您根據自己的實際感受放心作答。問卷中①表示「非常同意」，⑤表示「非常不同意」，③表示態度在「非常不同意」和「非常同意」中間。

敬祝平安快樂、工作順利！

第一部分：雇主品牌

序號	請選擇最符合您真實情形的答案，在相應的數字上打「√」	非常不同意				非常同意
1	我所在的單位的工作環境有趣味	①	②	③	④	⑤
2	我所在的單位的工作環境使人感到幸福	①	②	③	④	⑤
3	我所在的單位能夠提供中上等水平的薪資	①	②	③	④	⑤
4	我所在的單位能夠讓我得到上司的賞識和認可	①	②	③	④	⑤
5	我所在的單位能夠成為我職業發展的一個跳板	①	②	③	④	⑤
6	我所在的單位讓我變得更加自信	①	②	③	④	⑤
7	我所在的單位能夠提升我的職業能力	①	②	③	④	⑤
8	我所在的單位重視我並且讓我發揮創造力	①	②	③	④	⑤

序號	請選擇最符合您真實情形的答案，在相應的數字上打「√」	非常不同意				非常同意
9	我所在的單位內部有很好的晉升機會	①	②	③	④	⑤
10	我所在的單位讓我有成就感	①	②	③	④	⑤
11	我所在的單位擁有良好的同事關係	①	②	③	④	⑤
12	我所在的單位能夠提供高質量的產品和服務	①	②	③	④	⑤
13	我所在的單位能夠回饋社會	①	②	③	④	⑤
14	我所在的單位以顧客為導向	①	②	③	④	⑤
15	我所在的單位能讓我親自參與部門之間的交流	①	②	③	④	⑤
16	我所在的單位能夠讓我將所學知識加以運用	①	②	③	④	⑤

第二部分：工作—家庭支持

序號	請選擇最符合您真實情形的答案，在相應的數字上打「√」	非常不同意				非常同意
17	對工作上的問題，家人經常給我提供不同的意見和看法	①	②	③	④	⑤
18	當工作有煩惱時，家人總是能理解我的心情	①	②	③	④	⑤
19	當工作出現困難時，家人總是和我一起分擔	①	②	③	④	⑤
20	當工作很勞累時，家人總是鼓勵我	①	②	③	④	⑤
21	當工作遇到問題時，我總是會給家人說	①	②	③	④	⑤
22	當工作出現問題時，家人總是安慰我	①	②	③	④	⑤
23	工作之余，家人總能給我一些私人空間	①	②	③	④	⑤
24	當我某段時間工作很忙時，家人能夠幫我分擔家務	①	②	③	④	⑤
25	我與家人談及有關工作上的事情時很舒服	①	②	③	④	⑤
26	家人對我所做的工作比較感興趣	①	②	③	④	⑤

第三部分：員工留任

序號	請選擇最符合您真實情形的答案，在相應的數字上打「∨」	非常不同意　　　　非常同意
27	目前的工作讓我感到沮喪	① ② ③ ④ ⑤
28	目前的工作讓我感到身體疲倦	① ② ③ ④ ⑤
29	目前的工作讓我感到精神疲倦	① ② ③ ④ ⑤
30	目前的工作讓我感覺很難受	① ② ③ ④ ⑤
31	目前的工作讓我覺得自己沒有出路	① ② ③ ④ ⑤
32	目前的工作讓我覺得自己沒有價值	① ② ③ ④ ⑤
33	目前的工作令我覺得厭煩	① ② ③ ④ ⑤
34	目前的工作給我帶來了不斷的麻煩	① ② ③ ④ ⑤
35	目前的工作讓我覺得一點希望都沒有	① ② ③ ④ ⑤
36	在目前的工作中我覺得自己處處碰壁	① ② ③ ④ ⑤
37	我的價值觀和單位的價值觀非常相似	① ② ③ ④ ⑤
38	我的單位能夠激發我在工作中的最大潛能	① ② ③ ④ ⑤
39	我真的很開心能為這個單位工作	① ② ③ ④ ⑤
40	我會鼓勵朋友到我們單位上班	① ② ③ ④ ⑤
41	我正在主動尋求目前所在單位外部的工作機會	① ② ③ ④ ⑤
42	我可能會考慮找一個管理更好的單位上班	① ② ③ ④ ⑤
43	若其他單位提供稍好一點的職位，我會考慮離開	① ② ③ ④ ⑤
44	若另外的工作能夠提供更好的薪酬，我會考慮離開	① ② ③ ④ ⑤

第四部分：破壞性領導

序號	請選擇最符合您真實情形的答案，在相應的數字上打「∨」	非常不同意　　　　非常同意
45	我的上司經常嘲笑我	① ② ③ ④ ⑤
46	我的上司經常說我無能	① ② ③ ④ ⑤
47	我的上司經常說我的想法是愚蠢的	① ② ③ ④ ⑤

序號	請選擇最符合您真實情形的答案，在相應的數字上打「√」	非常不同意				非常同意
48	我的上司經常在其他人面前負面評價我	①	②	③	④	⑤
49	我的上司經常在其他人面前羞辱我	①	②	③	④	⑤

第五部分：基本心理需求

序號	請選擇最符合您真實情形的答案，在相應的數字上打「√」	非常不同意				非常同意
50	在單位工作時，我感覺很自在	①	②	③	④	⑤
51	當我和我的上司在一起時，我感覺受到約束	①	②	③	④	⑤
52	在單位工作時，我擁有發言權，能表明自己的觀點	①	②	③	④	⑤
53	在單位工作時，我經常感覺能力不足	①	②	③	④	⑤
54	在單位工作時，我感覺很有效率	①	②	③	④	⑤
55	在單位工作時，我感覺自己很有能力	①	②	③	④	⑤
56	在單位工作時，我和上司之間總有距離感	①	②	③	④	⑤
57	在單位工作時，我和上司之間十分親近	①	②	③	④	⑤
58	在單位工作時，我感覺自己受到關愛	①	②	③	④	⑤

第六部分：個人基本信息

請您在符合自己情況的選項上打「√」或標紅

1. 性別
①男　②女
2. 年齡
①25歲以下　②26~30歲　③31~35歲　④36~40歲　⑤41~45歲　⑥46歲以上
3. 學歷
③博士　②碩士　③本科　④本科以下
4. 職位級別
①高層管理人員　②中層管理人員　③基層管理人員　④普通員工

5. 婚姻狀況
①未婚　②已婚
6. 您在當前企業的工作年限
①1 年以下　②1～3 年　③4～6 年　④7～10 年　⑤11 年以上
7. 您所在單位的性質
①國有企業　②民營企業　③中外合資企業　④外商獨資企業
⑤科研院校　⑥政府機關　⑦事業單位　⑧其他

附錄三：全文圖目錄

圖 1-1　本研究技術路線圖
圖 3-1　雇主品牌對員工留任的影響機制模型
圖 3-2　本研究假設匯總
圖 4-1　雇主品牌的驗證性分析模型
圖 4-2　破壞性領導的驗證性分析模型
圖 4-3　基本心理需求的驗證性分析模型
圖 4-4　工作—家庭支持的驗證性分析模型
圖 4-5　員工留任的驗證性分析模型
圖 5-1　仲介變量釋義圖
圖 5-2　仲介效應的檢驗程序
圖 5-3　基本心理需求的仲介效應檢驗圖
圖 5-4　雇主品牌、基本心理需求、員工留任之間的作用機理模型
圖 5-5　雇主品牌、自主需求、工作倦怠之間的作用機理模型
圖 5-6　雇主品牌、自主需求、離職傾向之間的作用機理模型
圖 5-7　雇主品牌、勝任需求、工作倦怠之間的作用機理模型
圖 5-8　雇主品牌、勝任需求、離職傾向之間的作用機理模型
圖 5-9　雇主品牌、勝任需求、組織忠誠之間的作用機理模型
圖 5-10　雇主品牌、關係需求、工作倦怠之間的作用機理模型
圖 5-11　雇主品牌、關係需求、離職傾向之間的作用機理模型
圖 5-12　雇主品牌、關係需求、組織忠誠之間的作用機理模型
圖 5-13　調節變量示意圖

附錄四：全文表目錄

表 2-1　雇主品牌的概念匯總
表 2-2　工作—家庭支持的概念匯總
表 2-3　工作—家庭支持測量情況
表 3-1　雇主品牌測量題項
表 3-2　員工留任測量題項
表 3-3　基本心理需求測量題項
表 3-4　破壞性領導測量題項
表 3-5　工作—家庭支持測量題項
表 3-6　本研究假設匯總表
表 4-1　訪談對象信息表
表 4-2　訪談資料匯總表（簡）
表 4-3　人口統計特徵（N＝127）
表 4-4　雇主品牌的信度分析
表 4-5　基本心理需求的信度分析
表 4-6　員工留任的信度分析
表 4-7　破壞性領導的信度分析
表 4-8　工作—家庭支持的信度分析
表 4-9　雇主品牌的總方差解釋
表 4-10　雇主品牌各操作變量的因子載荷
表 4-11　基本心理需求的總方差解釋
表 4-12　基本心理需求各操作變量的因子載荷
表 4-13　員工留任的總方差解釋
表 4-14　員工留任各操作變量的因子載荷
表 4-15　破壞性領導的總方差解釋
表 4-16　破壞性領導各操作變量的因子載荷
表 4-17　工作—家庭支持的總方差解釋
表 4-18　工作—家庭支持各操作變量的因子載荷
表 4-19　所有測量題項的探索性因子分析
表 4-20　大樣本描述性分析匯總表（N＝500）
表 4-21　正式樣本的信效度檢驗（N＝500）
表 4-22　結構方程模型的整體適配度指標的標準值範圍
表 4-23　雇主品牌量表的驗證性因子分析結果

表 4-24　破壞性領導量表的驗證性因子分析結果
表 4-25　基本心理需求量表的驗證性因子分析結果
表 4-26　基本心理需求變量各維度之間區分效度分析檢驗結果
表 4-27　工作—家庭支持量表的驗證性因子分析結果
表 4-28　員工留任量表的驗證性因子分析結果
表 4-29　員工留任各維度之間區分效度分析檢驗結果
表 5-1　樣本各維度的描述性統計表
表 5-2　變量各維度間相關係數矩陣（N＝500）
表 5-3　性別的獨立樣本 T 檢驗表
表 5-4　婚姻狀況的獨立樣本 T 檢驗表
表 5-5　基於年齡的樣本方差分析
表 5-6　工作倦怠的 LSD 法多重比較的結果
表 5-7　勝任需求的 LSD 法多重比較的結果
表 5-8　基於學歷的樣本方差分析
表 5-9　工作倦怠的 LSD 法多重比較的結果
表 5-10　離職傾向的 LSD 法多重比較的結果
表 5-11　自主需求的 LSD 法多重比較的結果
表 5-12　組織忠誠的 LSD 法多重比較的結果
表 5-13　職位級別的樣本方差分析
表 5-14　破壞性領導的 LSD 法多重比較的結果
表 5-15　關係需求的 LSD 法多重比較的結果
表 5-16　雇主品牌的 LSD 法多重比較的結果
表 5-17　自主需求的 LSD 法多重比較的結果
表 5-18　基於公司工齡的樣本方差分析
表 5-19　雇主品牌的 LSD 法多重比較的結果
表 5-20　工作倦怠的 LSD 法多重比較的結果
表 5-21　雇主品牌與員工留任的分層多元線性迴歸結果
表 5-22　雇主品牌與組織忠誠的分層多元線性迴歸結果
表 5-23　雇主品牌與離職傾向的分層多元線性迴歸結果
表 5-24　雇主品牌與工作倦怠的分層多元線性迴歸結果
表 5-25　雇主品牌與基本心理需求的分層多元線性迴歸結果
表 5-26　雇主品牌與自主需求的分層多元線性迴歸結果
表 5-27　雇主品牌與勝任需求的分層多元線性迴歸結果
表 5-28　雇主品牌與關係需求的分層多元線性迴歸結果
表 5-29　基本心理需求與員工留任的分層多元線性迴歸結果
表 5-30　自主需求與工作倦怠的分層多元線性迴歸結果

表 5-31　自主需求與離職傾向的分層多元線性迴歸結果
表 5-32　自主需求與組織忠誠的分層多元線性迴歸結果
表 5-33　勝任需求與工作倦怠的分層多元線性迴歸結果
表 5-34　勝任需求與離職傾向的分層多元線性迴歸結果
表 5-35　勝任需求與組織忠誠的分層多元線性迴歸結果
表 5-36　關係需求與工作倦怠的分層多元線性迴歸結果
表 5-37　關係需求與離職傾向的分層多元線性迴歸結果
表 5-38　關係需求與組織忠誠的分層多元線性迴歸結果
表 5-39　基本心理需求的仲介效應迴歸分析（雇主品牌—員工留任）
表 5-40　自主需求的仲介效應迴歸分析（雇主品牌—工作倦怠）
表 5-41　自主需求的仲介效應迴歸分析（雇主品牌—離職傾向）
表 5-42　自主需求的仲介效應迴歸分析（雇主品牌—組織忠誠）
表 5-43　勝任需求的仲介效應迴歸分析（雇主品牌—工作倦怠）
表 5-44　勝任需求的仲介效應迴歸分析（雇主品牌—離職傾向）
表 5-45　勝任需求的仲介效應迴歸分析（雇主品牌—組織忠誠）
表 5-46　關係需求的仲介效應迴歸分析（雇主品牌—工作倦怠）
表 5-47　關係需求的仲介效應迴歸分析（雇主品牌—離職傾向）
表 5-48　關係需求的仲介效應迴歸分析（雇主品牌—組織忠誠）
表 5-49　破壞性領導對雇主品牌與基本心理需求之間關係的調節效應
表 5-50　工作—家庭支持對基本心理需求與員工留任之間關係的調節效應
表 5-51　研究假設檢驗結果匯總表

國家圖書館出版品預行編目(CIP)資料

雇主品牌對員工留任的影響機制研究 / 鍾鑫 著. -- 第一版.
-- 臺北市：財經錢線文化出版：崧博發行2018.12

面；　公分

ISBN 978-957-680-320-8(平裝)

1.人事管理 2.僱傭管理

494.3　107020007

書　　名：雇主品牌對員工留任的影響機制研究
作　　者：鍾鑫 著
發行人：黃振庭
出版者：財經錢線文化事業有限公司
發行者：崧博出版事業有限公司
E-mail：sonbookservice@gmail.com
粉絲頁　　　　　　　網　址：
地　　址：台北市中正區延平南路六十一號五樓一室
8F.-815, No.61, Sec. 1, Chongqing S. Rd., Zhongzheng Dist., Taipei City 100, Taiwan (R.O.C.)
電　　話：(02)2370-3310　傳　真：(02) 2370-3210
總經銷：紅螞蟻圖書有限公司
地　　址：台北市內湖區舊宗路二段 121 巷 19 號
電　　話:02-2795-3656　　傳真:02-2795-4100　網址：
印　　刷：京峯彩色印刷有限公司（京峰數位）

　　本書版權為西南財經大學出版社所有授權崧博出版事業有限公司獨家發行電子書及繁體書繁體版。若有其他相關權利及授權需求請與本公司聯繫。

定價：450元

發行日期：2018 年 12 月第一版

◎ 本書以POD印製發行